复古绕线首饰制作教程

MAKING VINTAGE WIRE JEWELRY

喻可 著

化学工业出版社
·北京·

内容简介

　　本书是一本适合绕线初学者的实用技法教程。"我该从哪里开始？"——这是很多朋友在萌生学习绕线工艺的这个念头时，最容易出现的困惑。本书针对初学者的"痛点"，由易到难、循序渐进地详细讲解了绕线需要的工具和材料，绕线常用技法（包括基础技法和中阶技法），绕线首饰的配件制作，以及复古绕线首饰成品的制作。其中绕线常用技法和部分绕线首饰配件制作还配有视频教程，方便初学者理解。通过阅读本书，读者不仅能快速上手，学会亲手制作精美的绕线首饰，还能收获一项让身心获得放松的休闲方式。

图书在版编目（CIP）数据

复古绕线首饰制作教程 / 喻可著 . -- 北京 ：化学工
业出版社，2024. 8. -- ISBN 978-7-122-45871-1

Ⅰ. TS934.3

中国国家版本馆 CIP 数据核字第 2024GS6154 号

责任编辑：孙晓梅　　　　　　　装帧设计：溢思视觉设计／蔡多宁
责任校对：李露洁

出版发行：化学工业出版社
　　　　　（北京市东城区青年湖南街13号　邮政编码100011）
印　　装：北京宝隆世纪印刷有限公司
787mm×1092mm　1/16　印张10　字数　148千字
2024年10月北京第1版第1次印刷

购书咨询：010-64518888　　　　售后服务：010-64518899
网　　址：http://www.cip.com.cn
凡购买本书，如有缺损质量问题，本社销售中心负责调换。

定　　价：78.00元

"入坑"绕线的心路历程

　　从2021年1月31日正式"入坑"绕线开始，到今天坐在电脑前码这些字，期间我一直在小红书账号上分享自己的绕线动态，分享的内容有成品展示、制作记录、绕线教程，也有翻车记录以及材料工具的开箱过程等。仔细算了算，坚持这件小事已经有660天之久了。这份坚持，不仅让我收获了许多人的信任和认可，更让我体会到了心流的平和感和愉悦感，绕线这门手艺滋养着我的整个精神世界，它让我整个人都变得更饱满了。

　　决定玩绕线并不完全是因为自己喜欢做手工，更多的是把它当作职业和小事业来孵化和培养的。做这个决定或许也是受到我爸爸潜移默化的影响，我爸3岁的时候因为小儿麻痹症导致右腿严重萎缩而终身残疾，但他是个很负责任的男人，凭着自己的缝纫手艺养活着我们一大家子，到现在他已经是一位有着30多年从业经历的老裁缝了，哪怕现在年逾半百，颈椎、肩椎已经劳损，也依然阻挡不了他给人定制衣服的心思和热情。因为他认为以手艺活为生是很苦很累的，所以小时候不管我怎么央求他教我制版缝制衣服，他都不答应，他希望我能有更好的选择，好好读书、上大学，找份好工作，拿着稳定的工资，最好这辈子都不用为生计犯愁。对于他的期望，我也确实逆风翻盘做到了，在村镇不入流的高中以班级第一的高考成绩考上了省会城市的二本院校（2016年升一本了）的王牌专业，大学期间多次荣获国家级奖学金给他争光，毕业后在专业对口的行业中的第一份工作也是做的颇有成就感的，2015年为了追求高薪，就转行到了游戏行业做业务管理，这份光鲜体面的工作让家人们为我感到欣慰，但这并没能让我充实快乐起来。

2019年的4月，有个好朋友跟我透露她以后都不再上班了，因为她开的手工淘宝店开始盈利了，当时还是打工人的我，内心大受触动——原来就算上了大学也能选择做手工来养活自己，甚至达到财务自由。在同年5月的一天，我去感受了深圳华侨创意城手工集市的氛围，遇到了绕线，内心更受触动了，当时就种下了一颗想成为绕线手艺人的种子。开店成功的好朋友听说我想做绕线首饰，寄了非常多的珍珠给我练手，但我当时并没有做出系统的学习规划，只是拿它当作爱好来玩玩。之后因为要备考PMP，手工又被我抛诸脑后了。

时间来到2021年1月，彼时的我已经有一个半岁多的小宝宝了，新增母亲角色的我开始认真地思索自己的未来——我想做一份让自己充实快乐、不断成长的工作，同时能有更多的时间见证宝宝的成长。剖析内心，我发觉自己只是厌倦了上班，厌倦了坐在工位上时而紧绷、时而摸鱼的状态，厌倦了青春年华被浪费掉的焦虑感，厌倦了自己的职场命运掌握在他人手中的挫败感。

按照《斯坦福大学人生设计课》的指导，我最终选择了发展自由职业，我很爱充满创造力的手工，又钟情于绕线工艺，于是决定用10年的时间专门做绕线，虽然此时的我与成为职业绕线人的目标还有很长一段距离，但只要抱着想成为手艺人的心，每天都坚持进步一点点，相信总能达成目标。

目录

第一章

绕线工具和材料

绕线是一项非常传统古老的首饰制作工艺，是一种不需要依靠焊接或铸镶技术就能制作出首饰的工艺，是一种只靠双手、运用简单工具通过有序地缠绕金属线来镶嵌宝石的工艺。

相比金工工艺来说，它常用的工具和材料是简单的，一点金属线材，几把钳子，一两个配件，再用上自己喜爱的宝石，发挥我们的奇思妙想，就能获得令人赞叹的首饰。

1 线材

（1）常用线材

在绕线工艺中，常用的线材按金属成分可分为铜线、银线、金线等。

铜线因为价格亲民、规格齐全而被广泛应用。铜线的细分种类很多，有保色铜线、紫铜线、黄铜线、白铜线和镀金铜线等。

银线分999足银线和S925银线。因为其贵金属属性和高普适度而被大量应用，银线的绕线作品价格适中，受到很多人的喜爱。

金线有14K注金线、14K金线、18K金线和999足金线。其中14K注金线因价格较便宜，在绕线时应用较其他金线广泛。

笔者在绕线时最常用的线材有保色铜线、紫铜线和14K注金线。

① 保色铜线

在最开始练习绕线的时候，建议从保色铜线入手，选择保色铜线的主要原因有四点：一是价格实惠，几十块人民币就可以买齐各个规格；二是它的手感柔软，适合新手用来锻炼手感；三是它的保色度着实厉害，在不破皮的情况下，颜色保个三五年都是可以的；四是它可选的颜色很多，有18K浅金色、玫瑰金色、银色等，与其他配件的颜色好搭配。

如果要做其他的创意开发，紫色、绿色、灰色、黄色、蓝色的保色铜线也是有的，所以保色铜线尽极大可能满足了手工爱好者DIY的热情和创意需求。

各种颜色的保色铜线
（本书中所用保色铜线为吴江隆兴铜厂所产）

② 紫铜线

相较于保色铜线，紫铜线的软硬手感与14K注金线相接近，但相比14K注金线，紫铜线的手感会相对更顺滑一些，因此，紫铜线经常被用来打版，打版成功后，会用14K注金线再制作正式版。另外紫铜线还有一个好处是可以做旧，结合这种工艺，用紫铜线做出来的绕线作品会比保色铜线和14K注金线做出来的作品更有复古特质。

略有氧化的紫铜线

③ 14K 注金线

14K注金线的生产工艺是在合金胎体的外层高温锻压一层厚厚的14K金，且14K金的单位比重在5%以上，所以它的耐磨度较高，保色效果持久，即使在表层氧化后，也能通过抛光来焕发K金光泽。因为它造价较贵，市价是999足银线的2倍多，所以新手在初次使用时会有点"畏首畏脚"，但当我们使用多了、使用久了，就会发现注金线并不如想象中那么难驾驭。使用注金线绕制作品的好处有很多，其一是可以使整个作品更挺阔，其二是能更好地提升自己的手艺，其三是使作品的溢价潜力更高，也就是能增加作品的市场价值。

14K 注金线

《幸运之眼》作品展示
（左上为紫铜线、锆石打版版本，右下为 14K 注金线、月光石正式版本）

（2）线材的常用规格

不同尺寸的线材具有不同的特点和用途，比如细线常用来做0字绕，粗线常用来做外框，中等规格的线常用于主石镶嵌或制作小配件等。绕线时应根据实际需要选择适合的尺寸。

下面基于我常用的三种线材的使用感受和经验，为大家详细介绍这三种线材的尺寸选择。

① 保色铜线

保色铜线的常用规格（金属线的横截面直径尺寸，下同）有0.2mm、0.3mm、0.6mm、0.8mm、1.0mm。因为保色铜线不论规格粗细都很软，所以保色铜线是不分软硬的。之所以0.2mm和0.3mm两个规格都入选常用规格，是考虑到作品的精致度。绕O字绕之类的细线线圈时，如果更追求作品的精致度，可以选用0.2mm的保色铜线；如果更追求速度和效率，可以选用0.3mm的保色铜线。

保色铜线常用规格

② 紫铜线

紫铜线通过淬火和冷轧等工艺，有软硬之分。绕线时常用的尺寸如下图所示。

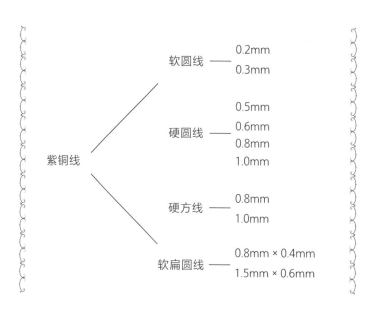

紫铜线常用规格

③ 14K 注金线

14K注金线有软硬之分。绕线时常用的尺寸如下图所示。

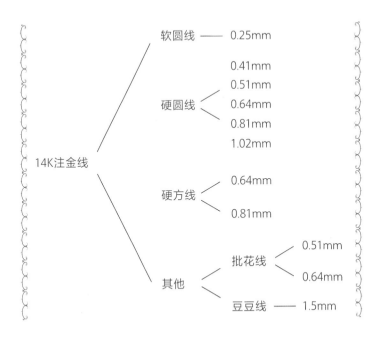

14K 注金线常用规格

2 工具

试想一下，我们在做绕线首饰的时候，需要实现哪些行为呢？首先就是要剪取一定长度的线，然后是要拗出某种形状来，拗形状的时候就免不了拉线、拨线等微调操作，上述这些动作是没法完全徒手完成的，需要借助工具，不同的工具实现着不同的功能，这些工具能帮助我们事半功倍。

（1）剪线工具

① **剪钳**：剪取金属线时的必备钳子。

② **卡尺**：用于测量石头的尺寸。

③ **直尺**：根据石头的尺寸和要做的款式来估算并量取相应长度的线材，在把握不好长度的时候，宁可剪长一些。

（2）卷线工具

绕线中的线的造型以各种卷居多，如大圆卷、小圆卷、蜗牛卷、水滴卷等，这就少不了各种卷线钳。

① **圆嘴钳**：用于制作尺寸随机的大圆圈、小圆圈、蜗牛卷、水滴卷等。

② **六段钳**：用于尺寸可控的大圆卷、小圆卷、蜗牛卷。

③ **直头尖嘴钳**：用于夹持线与线缝隙中的细线和微调线形。

④ **弯头尖嘴钳**：相比直头尖嘴钳，它的钳口头部是呈钝角状弯折的，用于夹持弯曲的线和微调线形。

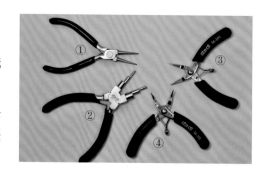

（3）拉线工具

当我们制作的绕线作品的线形复杂时，线需要在各个结构、部件之间来回穿梭，就需要用到拉线工具。

① **平嘴钳**：咬合有力，用于拉作品中较粗的线。

② **尼龙钳**：用于拉顺金属线，使线形更加流畅顺滑。

③ **镊子**：如果遇到很紧凑的结构中有0.25mm细线线圈绕不紧密，或者有些缝隙中需要拉出0.25mm细线，这个时候就需要镊子来帮忙了。

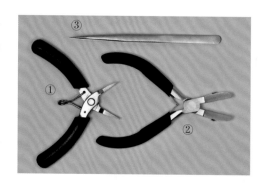

（4）砸线工具

如果我们在设计作品时，想要线条有更丰富的层次感，就可以将圆线砸扁或砸方，除了用本书中提及的铁材质的饼和锤来实现这个功能，也可以用铜材质的和钢材质的。

① **铁饼**：用于放置金属线或作品。

② **铁锤**：遵循少量多次的原则，用垂直于铁饼平面的力量去捶打金属线，将圆金属线砸扁以形成更丰富的层次。

（5）制作戒指的工具

我们制作戒指前，需要先用戒指圈套在手指上测量戒指圈号，这就需要借助戒指棒来绕戒圈，戒指棒也可以用来改大成品戒指的圈号，此外当我们在设计时需要各种大小不同的圆圈也可以借助戒指棒来实现。

① **戒指圈**：国内常用港码的，用于测量目标戒指应做多大圈号。
② **戒指棒**：国内常用港码的，用于固定戒指在制作过程中的圈号。

（6）其他辅助工具

① **抛光条**：磨砂面用于抛光金属线的剪口，使剪口处圆润不扎皮肤，泡沫面用于抛光作品，使其恢复起初的金属光泽。
② **快干珠宝胶水**：用于粘半孔珍珠或石头，优点是速干、效率高，残留胶水也好做解胶处理。
③ **慢干珠宝胶水**：优点是胶水干后是无气泡的透明状。
④ **解胶剂**：用于溶解溢出的多余胶水。

> 总结一下，为满足基本的练习需求，新手入坑可以置办剪钳、六段钳、圆嘴钳、直头尖嘴钳、弯头尖嘴钳、直尺、卡尺、镊子、戒指圈、戒指棒、尼龙钳、小铁锤、小铁饼、珠宝胶水、解胶剂和抛光条，有了这些工具的帮助，我们能更好地踏进绕线首饰的奇妙世界。

3 石头

用于绕线的石头，不论形状、切工、尺寸、材质如何，可以统分为有孔石头和无孔石头，其中有孔石头又分为半孔石头和通孔石头，而通孔石头又分为横孔石头和竖孔石头；无孔石头一般有素面石头、刻面石头，而原石、雕件有时是无孔裸件，有时也会被打孔。

对于新手来讲，主要的目标是学会绕线，所以在选石头的时候，可以先从平价的材质入手。

　　人造的平价石头有琉璃的刻面、素面、珠子，人造锆石的各种切工的刻面，人造珍珠，陶瓷珠等。

人造石头

　　天然的普货石头包括水晶类（如粉水晶、紫水晶、黄水晶的刻面、素面、珠子），托帕类（如蓝托帕石、白托帕石等），长石类（如拉长石、彩虹月光石等），还有玛瑙类、玉髓类、石榴石类等，有很大的选择空间。

　　如果需要进一步追求作品质感，可以尝试使用天然石头的高货，如优质的天然淡水珍珠和海水珍珠，克拉级的水晶和长石，红宝石、蓝宝石、祖母绿、尖晶石等贵宝石。

普货石头

高货石头

4 配件

　　因为绕线工艺的DIY属性实在是太强大了，绝大多数金配件、银配件、铜配件都可以与绕线融合使用。仅从以14K注金线创作的绕线作品来看，最常用到的小配件是各种尺寸的金珠，如光面金珠、角珠、南瓜珠等，这些小金珠有时被用来遮挡接头和缝隙，有时用来增加设计的层次感，有时起到搭桥连接的作用，有时被用作隔珠。

各种金珠

　　在创作绕线作品时，各种尺寸的闭口圈也是经常用到的小配件，其中铜材质的闭口圈的规格是最齐全的。花珠隔片也是经常会伴随各类珠子一起用到的小配件之一。

各种尺寸的闭口圈

花珠隔片

在制作吊坠项链时，除了各种规格和样式的链条外，瓜子扣是常用的辅助配件。

在制作手链时，可以根据需要来选择是用弹簧扣还是龙虾扣。

在制作排链时，各种式样的排扣会是很好的加分配件。

链条

① 瓜子扣 ② 龙虾扣 ③ 弹簧扣

排扣

在制作耳饰时，直接用现成的配件，如耳夹、耳钩、耳钉，以及配套的各类耳堵，能提高完成作品的效率。

我们在实际选用配件时，可以根据具体需求来置办基础款、设计款和重工华丽款，设计款和重工华丽款指的是有纹样、雕花、镶钻之类的装饰，可选的空间是非常大的。

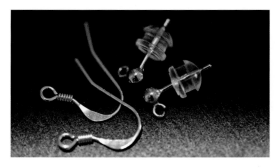

耳钩和耳堵

锆石配件

第二章

绕线技法

绕线的技法分为基础技法、中阶技法和高阶技法，将基础技法和中阶技法进行巧妙的设计融合，再进一步增强作品的设计感、立体感、对称度、饱满度，就属于高阶技法了。

1 绕线工艺的基础技法

我们在绕线时经常用到的0字绕、8字绕、08绕、多线叠绕等属于基础技法，基础技法简单易学，而且不同技法之间叠加碰撞，能产生很好的创意和效果。

（1）单线0字绕

以单根细线在单根主线上做重复的线圈缠绕的绕法被称为单线0字绕，因每圈缠绕在主线上的细线线圈的横切面呈阿拉伯数字"0"形而得名。

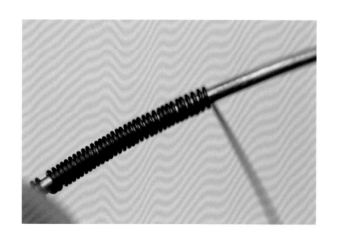

扫码观看
单线0字绕
视频教程

一般在日常练习中，细线和主线的粗细至少需相差两个规格，如细线用0.25mm注金软线，则主线至少得用0.41mm注金硬线，如细线用0.41mm注金软线，则主线至少得用0.64mm注金硬线。但为了追求作品的创意和手艺的精进，细线和主线也可以选择相同的规格，我在刚开始练习绕线时，甚至曾用0.2mm保色铜线在0.2mm保色铜线和0.3mm保色铜线上做过0字绕的练习。

喻可绕线心得：0字绕是绕线技法中最基础的入门技法，我们在绕制作品的任何时候，都必须确保任何形式的0字绕的线圈排列是紧密且规整的。

（2）双线０字绕

以单根细线在两根主线上做重复的线圈缠绕的绕法被称为双线０字绕，常用到的双线０字绕的绕法有两种。

绕法一： 以单线０字绕的绕法，用细线做重复的０字绕大线圈，将两根主线密不可分地绕在一起。

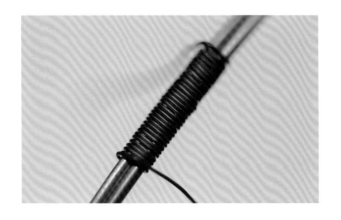

扫码观看
双线０字绕
绕法一视频教程

绕法二： 用细线在两根主线上交替着绕单线０字绕和双线０字绕。绕线方法如下

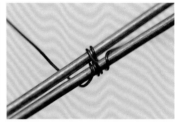

1 将两根主线并列，用细线对其中一根主线做两圈０字绕。

2 将细线横拉到另一根主线上做一圈０字绕。

3 用细线在两根主线上重复上述操作，再次回到第一根主线上，获得第一个双线０字绕循环组。

4 继续重复上述操作，使每组线圈都排列紧密。

5 缠绕效果图。

扫码观看
双线０字绕
绕法二视频教程

（3）麻花绕

将两根线以拧麻花的方式紧紧缠绕起来的绕法被称为麻花绕。绕线方法如下。

1 用拧麻花器咬住两根线的一端。

2 另一端的两根线呈一定钝角，始终朝一个方向转动拧麻花器，得到麻花线。须留意麻花各处的松紧度，使其保持一致。

扫码观看
麻花绕视频教程

（4）弹簧圈

弹簧圈的绕线方法如下。

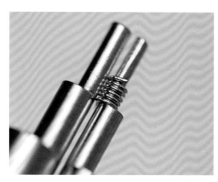 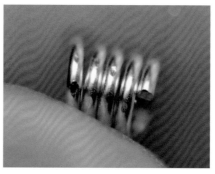

1 用硬线在六段钳的第一段上做连续的紧密排列的O字绕。

2 将线圈从六段钳上抽离出来，并用剪钳修剪掉线头，即可获得弹簧圈。

扫码观看
弹簧圈视频教程

（5）开口圈

用来绕开口圈的线越细，则选取的圆柱工具直径须越小，这样开口圈的抱合力才够强。开口圈的绕线方法如下。

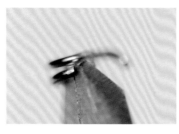  

1 用硬线在六段钳的第一段上绕取一小截弹簧圈，用剪钳的平口侧将弹簧圈的第一个线圈的剪口修剪平整。

2 用剪钳的平口侧对准与步骤1的剪口相切的相邻线圈的位置，并剪断。

3 获得一个开口线圈，并在垂直于开口圈的方向，将开口拉大。

4 借助弯头尖嘴钳，将开口圈穿入需要连接的小部件中。

5 用弯头尖嘴钳将开口线圈的两个剪口靠拢，并将整个开口圈的线形处理在同一平面。

扫码观看
开口圈视频教程

喻可绕线心得：为避免首饰在佩戴过程中出现开口圈崩开的情况，可在连接部件时，使用2个以上的开口圈来加固。而且多个相同规格的开口圈在叠加使用时，也能呈现出一定的装饰效果。

局部图　　　　　　　　　　　　多个开口圈链接的饰品展示

（6）麻花绕弹簧圈

麻花绕和弹簧圈结合，就是麻花绕弹簧圈。绕线方式如下。

1 按上文方法绕取一段麻花线，之后将麻花线以0字绕的方式缠绕在主线上。

2 将麻花线在主线做连续的、紧密排列的0字绕，绕完后剪掉多余线头，抽离主线，即可获得麻花绕弹簧圈。

扫码观看
麻花弹簧圈
视频教程

（7）复合0字绕

复合0字绕是由多个单线0字绕叠加而成，整体效果更加丰满。绕线方法如下。

1 用0.3mm的玫红色保色铜线在0.5mm浅金色保色铜线上做0字绕，将连续紧密排列的0字绕绕取40cm长的长度，且0.5mm浅金色保色铜线需至少裸露10cm长。

2 将裸露的0.5mm浅金色保色铜线在1.0mm紫铜线上做三圈0字绕的预缠绕。

3 将玫红色线圈在1.0mm紫铜线上做紧密排列的0字绕。

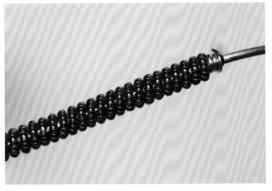 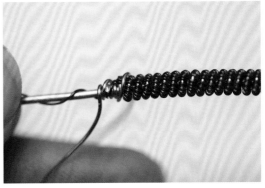

4 将整段玫红色线圈都绕完后，将另一端裸露的0.5mm浅金色保色铜线也在紫铜线上做紧密的0字绕，以卡紧玫红色复合线圈。

5 另取一根20cm长长的0.5mm浅金色保色铜线，将其缠绕在复合线圈的一端。

 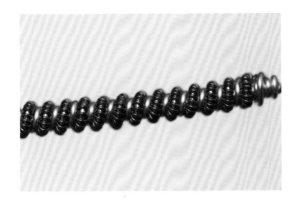

6 用新线在玫红色复合线圈的缝隙之间做0字绕，并进一步压紧每一个线圈。

7 完成整段的复合0字绕。

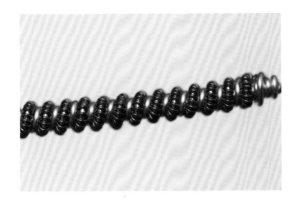

8 也可将新线拉紧直接在紫铜线上做0字绕，最终获得的复合0字绕的效果与上一种方式的会略有差异。

复合0字绕
视频教程

（8）8字绕

8字绕因每圈缠绕在主线上的细线线圈的横切面呈阿拉伯数字"8"的形状，而得名。

8字绕横切面

8字绕的绕线方法如下。

1 将两根主线并列，以单根细线先在其中一根主线上做两圈O字绕。

2 将细线绕至另一根主线的背面，做半圈O字绕。

3 将细线拉回第一根主线的背面，再做半圈O字绕。

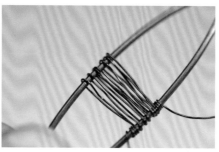

4 如此重复操作步骤2和步骤3，并推紧每次绕好的细线线圈，获得连续的8字绕线圈。

扫码观看
8字绕视频教程

（9）08绕

08绕因细线在两根主线上交替做0字绕和8字绕而得名。绕线方法如下。

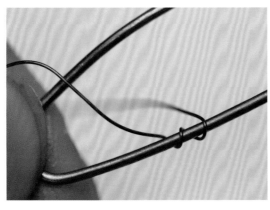

1 两根主线保持一定间距，可以是非平行状态，以细线先在其中一根主线上做两圈0字绕。

2 将细线绕至另一根主线的背面，并做两圈0字绕。

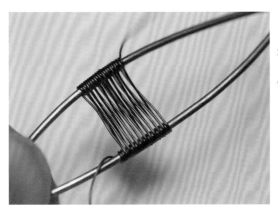

3 将细线再以S形拉到第一根主线上做一圈0字绕。重复上述操作，并推紧每一个线圈，使所有线圈紧密规整。获得连续的08绕。

扫码观看
08绕视频教程

喻可绕线心得：当我们在实际创作时，08绕很多时候需要运用于非平行状态的两根弧线之间，我们需要灵活调整8字绕圈数和0字绕圈数，比如在弧度平整的主线上可以绕四个0字绕再绕下一个8字绕，在弧度很大的主线上就只需要绕两个0字绕就能再绕下一个8字绕。

（10）双线叠绕

双向叠绕的绕线方法如下。

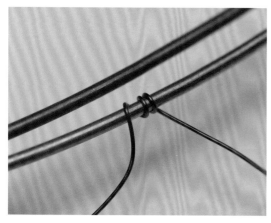

1 两根主线并列，以单根细线在其中一根主线上做两圈0字绕。

2 用细线对并列的两根主线做一圈双线0字绕后，再次回到第一根主线上做单线0字绕。

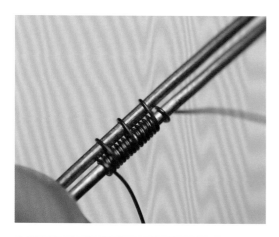

3 在第一根主线上做好一定圈数的0字绕后，再重复操作步骤2，并推紧每一个线圈，获得一小段双线叠绕。

扫码观看
双线叠绕视频教程

喻可绕线心得：叠绕的双线线圈可以是单圈，也可以是双圈，甚至可以是多圈，每组双线线圈之间的单线线圈的圈数也可以根据设计来灵活调整。

（11）多线叠绕

相较于双线叠绕的线圈圈数的灵活性，多线叠绕的可绕方式就更多了，本书主要展示常用的两种多线叠绕方式。

绕法一：

1 三根主线并列，用细线先在第一根主线上做两圈0字绕。

2 继续用细线对第一根主线和第二根主线做两圈双线0字绕。

3 用细线再对第二根主线和第三根主线做两圈双线0字绕。

4 将细线横拉至第一根线，并继续对第一根主线和第二根主线做两圈双线0字绕。

5 另一面的效果。

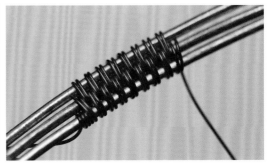

6 重复上述操作，使所有线圈紧密排列，获得一小段叠绕结构。

绕法二：

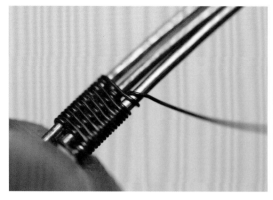

1 用细线先在第一根主线上做一圈0字绕。

2 将细线从第一根主线横拉到第二根主线上，做一圈0字绕。

3 将细线从第二根主线横拉到第三根主线上，做一圈0字绕。

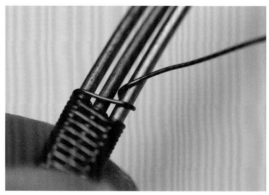

4 将细线从第三根主线横拉到第一根主线上，做一圈0字绕，完成一个循环组。

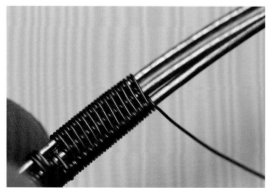

5 重复上述操作，使每个线圈紧密排列，获得一小段叠绕结构。

6 另一面的效果。

喻可绕线心得：当叠绕结构两面的纹样细节略有差异时，可根据创作需求和个人喜好来选择最终成品展示哪一面。细线叠绕线圈的圈数不同、横跨的主线根数不同，获得的效果也会略有差异。除了在主线间以0字绕和双线0字绕的方式对它们进行连接，也可以尝试将8字绕加入其中。主线的根数越多，能获得的叠绕效果也就越多。

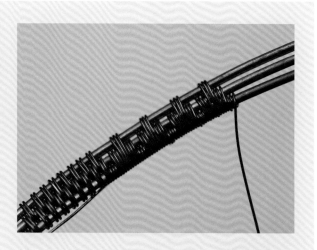

扫码观看
多线叠绕视频教程

（12）紧卷

紧卷的绕线方式如下。

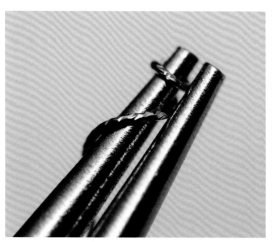

1将0.51mm注金批花线紧贴圆嘴钳最小段，满绕一圈后，将线继续紧贴钳身做螺线状弯折。

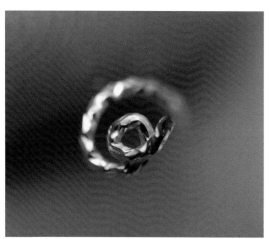

2用尖嘴钳（直头、弯头均可）将小圆继续夹小，注意多角度轻轻用力。

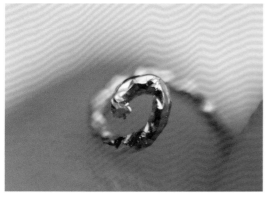

3 用剪钳剪掉多余线头,并用尖嘴钳继续夹紧小卷。

4 借助尼龙钳,使剩余的线紧贴着小卷心开始成卷。

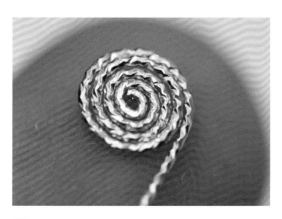

扫码观看
紧卷视频教程

5 将剩余的线紧贴小卷心卷四层左右,获得紧卷。

(13)蜗牛卷

蜗牛卷的绕线方式如下。

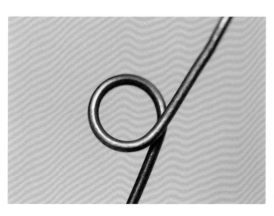

1 用1.0mm紫铜线紧贴六段钳第四段,拗一个完整的圆圈。

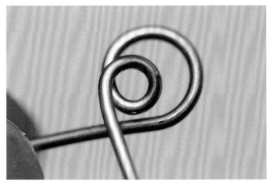

2 在接近圆圈交汇处，再用六段钳第一段夹紧圆弧线，将剩余的线头紧贴钳身，在大圆中再绕一个小圆圈。

3 剪掉多余的线头，借助弯头尖嘴钳和尼龙钳将所有线微调至同一平面，获得蜗牛卷。

扫码观看蜗牛卷视频教程

　　喻可绕线心得：在实际创作中，蜗牛卷的内外圈圆弧的大小可根据自己的喜好和创作的需求来做灵活的设计和调整。

（14）多线转圈造型

　　多线转圈造型的绕线方式如下。

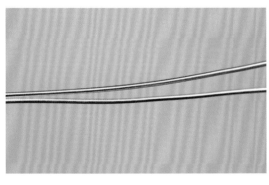

1 剪取一段15cm长的0.6mm浅金色保色铜线和一段15cm长的0.6mm银色保色铜线，并用尼龙钳将其拉得顺滑些，将两线并列。

2 借助指腹的力量使两根线同时并列成卷。

3 并列的线圈可以卷多层，也可以卷出不同的形态。

扫码观看
多线转圈造型
视频教程

（15）麻花辫

麻花辫的绕线方式如下。

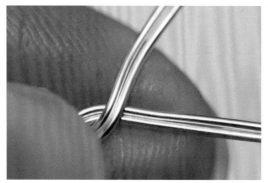

1 剪取2段20cm长的0.6mm浅金色保色铜线和2段20cm长的0.6mm银色保色铜线，两两成组，并将其做如图所示的交叉预缠绕。

2 将银色铜线和金色铜线按如图所示的方式，拉直成一字状。

3 将银色铜线向金色铜线的方向做如图所示的圆弧状弯折。

4 将金色铜线朝银色铜线的方向做圆弧状弯折，两组铜线呈现出如图所示的交叠效果。

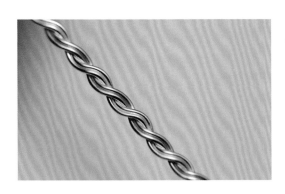

5 重复上述操作，获得双线麻花辫结构。

扫码观看
麻花辫视频教程

　　喻可绕线心得：在做麻花辫时，可以采用圆线，也可以采用批花线等装饰线，可以采用双线，也可以采用三根线成组，甚至四根线成组来制作。

（16）开口9针

　　开口9针的绕线方式如下。

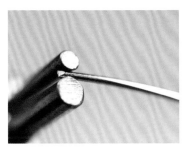

1 用六段钳第一段夹紧线头。

2 使线紧贴钳身绕出一个完整的圆圈。

3 借助尖嘴钳将圆圈相交处的长线弯折至与圆圈呈垂直状，使剪口平整并紧贴弯折处。

4 获得开口9针。

扫码观看
开口9针视频教程

（17）闭口9针

闭口9针的绕线方式如下。

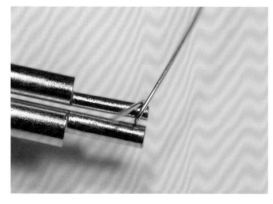

1 剪取一段0.64mm的注金硬线，在距离线头剪口2cm左右的位置，借助六段钳第一段绕一个圆圈。

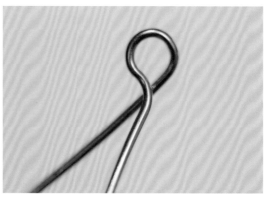

2 将圆圈相交处的长线弯折至与圆圈呈垂直状。

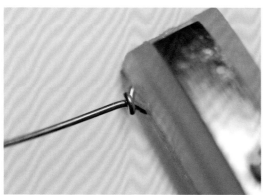

3 一只手用尼龙钳夹紧圆圈，另一只手用尖嘴钳拉着短线紧贴着长线做0字绕。

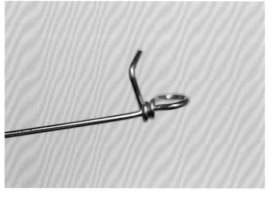

4 注意9针的两面的线圈圈数需一致，用剪钳剪掉多余短线。

5 用弯头尖嘴钳使剪断后的线头紧贴长线，获得闭口9针。

扫码观看
闭口9针视频教程

2 绕线工艺的中阶技法

用来镶嵌石头的技法，如压镶、夹镶、划线盘、网包和爪镶等属于中阶技法，这些中阶技法的难度系数依次增高。新手在刚入坑练习的时候，建议先从简单的压镶技法开始逐步建立信心，再去挑战较难的夹镶，学会这两个技法后就可以挑战大多数的绕线作品了。上述五个中阶技法中，从划线盘开始就有一定难度了，难在控制细线的规整度，而网包技法的难度体现在一层一层叠加上去的大小一致的网目，最难的当属爪镶技法了。

在开始动手练习之前，先认识下这5个中阶技法的核心结构，这对我们后续的创作是非常有帮助的。

（1）压镶技法

压镶，顾名思义，就是将石头压着镶嵌好，这种技法适用于任何石头。我们需要准备的结构只有两个，一个是与石头尺寸适配的面框，另一个是与石头尺寸适配的底框，再把石头放入两者之间，将面框和底框紧紧地连接在一起，就能将中间的石头镶嵌固定到位。

《三月花红》和《桐月海棠》
压镶作品展示

《缪斯女神》压镶作品展示

（2）夹镶技法

夹镶，就是将石头夹着镶嵌好，它也适用于任何石头。它需要的结构和压镶技法一样，也是一个面框和一个底框，但这两个技法的不同点在于，压镶技法的两个框是分开的、独立的，而夹镶技法的两个框是一体式的。夹镶技法用到的面框和底框是用同一根线绕出来的，因为绕夹镶结构的时候，必须面框和底框都同时适配石头，所以夹镶技法的难度要稍高于压镶技法。

《热恋的月亮》夹镶作品展示

（3）划线盘技法

划线盘，就是通过划线的方式将石头镶嵌好，它比较适合形态规整的素面石头和刻面石头。这个技法的关键点就在于制作一些围着石头的固定点，然后用细线在这些固定点之间以一定的规律来回地拉紧、固定，这些短距离的细线围着整个石头，从不同的角度出发、结束所产生的力量，将石头镶嵌、固定起来。这个技法的难度在于如何把控细线的规整度和一致性，以及如何巧妙地设置用于划线的固定点。

《绯红》划线盘作品展示

（4）网包技法

网包技法是指通过编织一张紧贴着石头戒面的闭环网兜来镶嵌石头，它更适用于素面石头。它的结构很简单，也只需要两个，一个是适配石头底部的底框，另一个是用细线在底框上编织的一层层网目。网包技法中的每层网目、每个网目都环环相扣且网眼的大小一致，这也正是它的难点所在。

《缱绻》网包作品展示

（5）爪镶技法

　　爪镶技法是指用一根、两根或多根线绕制的爪子来镶嵌石头，它适用于各类石头。爪镶技法的整个结构需要结合石头的尺寸来制作，尤其是爪子部分的长度是必须计算准确的。因为用爪镶技法来镶嵌石头必须有较强的空间思维能力，所以很多新手在练习爪镶技法时是碰壁最多的。

《小妇人》卡梅奥爪镶作品展示

　　基础技法和中阶技法都属于入坑绕线必学的入门技法，所以本书的教程基本是围绕着基础技法和中阶技法来展开的。

第三章

绕线首饰配件制作教程

1 别针

◎难度：★ ☆ ☆ ☆ ☆

◎技法：拗线形、控线。

◎工具：直尺、剪钳、六段钳、圆嘴钳、尼龙钳、平嘴钳、弯头尖嘴钳、抛光条。

◎线材：0.64mm注金硬线。

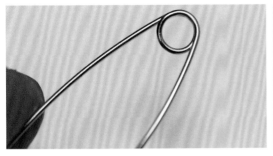

1 借助剪钳和直尺，剪取10cm长的0.64mm注金硬线，在距线的一端的四分之一处紧贴着六段钳第二段的钳身，绕一个如图所示的正圆。

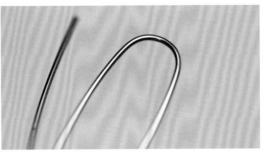

2 在长线上距离步骤1的正圆中心25mm处，借助六段钳第四段绕出如图所示的大U状。

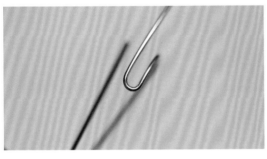

3 在距离大U圆弧线直线距离8mm左右的位置，借助圆嘴钳最小段绕出如图所示的小U状。

4 再次借助六段钳第四段，将剩余线的线头绕出相同的大U形，且与之前的大U圆弧线呈平行状。

5 在距离大U圆弧线直线距离5mm左右的位置，将剩余线做如图所示的90°弯折。

6 一只手用弯头尖嘴钳夹紧并列的两根线，一只手用平嘴钳拉紧线头做如图所示的两圈0字绕，并在剪掉多余线头后，用弯头尖嘴钳将线头夹平整。

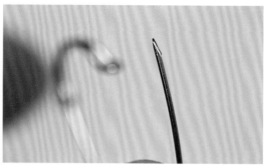

7 借助六段钳第二段将小U圆弧线做如图所示的弧状弯折。

8 修剪、打磨步骤1中剩余的四分之一的线的线头，使其变得尖锐。

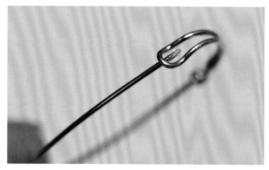

9 微调针的长度，使针头刚好能被扣在小U圆弧线中。

10 获得别针式胸针配件。

扫码观看别针视频教程

喻可绕线心得：别针是可以做出很多式样的，同时也可以尽情发挥自己的创作力，将石头镶嵌在胸针主体上。

2 耳钩

从耳钩的功能上来看，它一是需要有耳针穿过耳洞，二是需要与首饰的其他部件相连，所以我们在制作耳钩配件时，主要满足这两方面的需求即可。耳钩的款式是非常多的，本书主要教学展示三种常用的耳钩款式的制作方法，供大家参考。

（1）耳钩 ①

◎难度：★ ☆ ☆ ☆ ☆

◎技法：拋线形、开口9针。

◎工具：直尺、剪钳、六段钳、圆嘴钳、弯头尖嘴钳、铁锤、铁饼、抛光条。

◎线材：0.64mm注金硬线。

◎配件：3mm光面金珠。

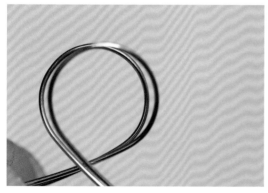

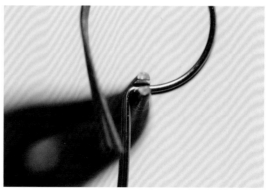

1 借助剪钳和直尺，剪取两段6cm长的0.64mm注金硬线，并将两根线的中段紧贴六段钳第六段的钳身绕出如图所示的形态。

2 借助弯头尖嘴钳，将圆弧线相交处的线头，做如图所示的弯折。

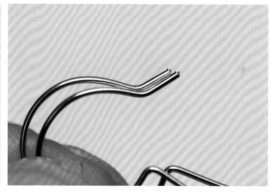

3 借助六段钳第二段对另一端线头做如图所示的圆弧状弯折。

4 借助剪钳将针头修剪到3mm左右的长度，并用抛光条将剪口打磨圆润。

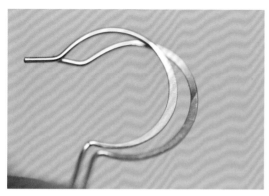

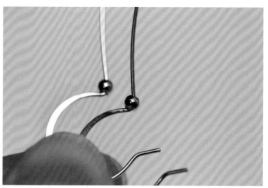

5 用铁锤和铁饼多次小力地将圆弧处锤成扁状。

6 在剩余的长线上各穿入一颗3mm注金珠。

7 用圆嘴钳最小段，将剩余的线头绕成开口9 针，剪掉多余线头。

8 获得耳钩配件。

（2）耳钩②

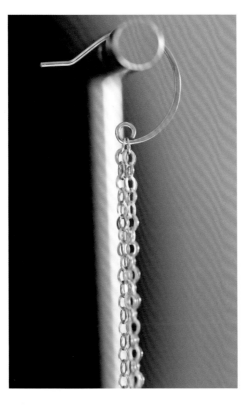

◎难度：★ ☆ ☆ ☆ ☆

◎技法：拗线形、开口9针。

◎工具：直尺、剪钳、六段钳、圆嘴钳、铁锤、铁饼、抛光条。

◎线材：0.64mm注金硬线。

► **制作步骤**

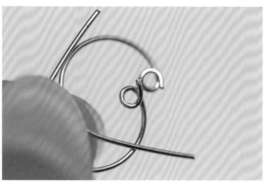

1 剪取两段4cm长的0.64mm注金硬线,借助六段钳第六段将硬线绕出如图所示的形态。

2 借助圆嘴钳最小段将其中一端的线头绕成开口9针。

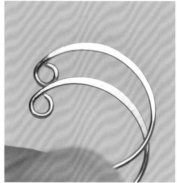
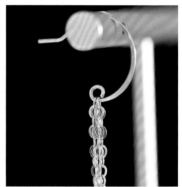

3 借助六段钳第二段将另一端线头绕出针头,并借助剪钳和抛光条将剪口打磨圆润。

4 用铁锤和铁饼将圆弧线砸扁。

5 获得耳钩配件。

6 也可在步骤2时,尝试将开口9针朝相反的方向绕。

7 获得另一种款式的耳钩配件。

（3）耳钩③

◎难度：★ ☆ ☆ ☆ ☆

◎技法：拗线形、开口9针。

◎工具：直尺、剪钳、圆嘴钳、弯头尖嘴钳、铁锤、铁饼、抛光条。

◎线材：0.64mm注金硬线。

1 剪取两段4cm长的0.64mm注金硬线，在一端线头的三分之一处，用圆嘴钳最小段绕出如图所示的圆弧状。

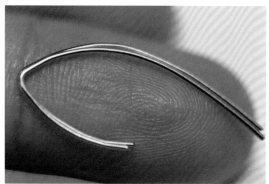

2 借助弯头尖嘴钳将两端的线形微调成花片圆弧形，并用剪钳将两端线头长度修剪一致。

3 用圆嘴钳最小段将长线头的一端绕成开口9针。

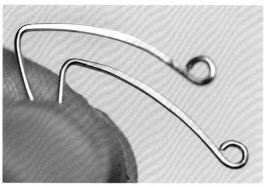

4 用小铁锤和小铁饼将长线的圆弧处砸扁。

5 获得耳钩配件。

扫码观看
耳钩视频教程

喻可绕线心得：耳钩的式样是可以发挥想象创造出很多式样的，只要能实现挂在耳洞里不掉出来的功能就可以了。

3 扣头

（1）蛇形扣头

◎难度：★☆☆☆☆

◎技法：拗线形、开口9针。

◎工具：直尺、剪钳、六段钳、圆嘴钳、弯头尖嘴钳、尼龙钳。

◎线材：0.81mm注金硬方线。

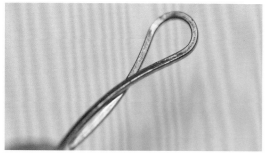

1 剪取6cm长的0.81mm注金硬方线，将硬线的三分之一处在六段钳第三段绕出如图所示的水滴状圆弧形态。

2 用圆嘴钳最小段将短线头绕出一个完整的正圆，并剪掉多余线头。

3 再次用六段钳第三段在剩余长线头的中段绕一个如图所示的水滴状圆弧。

4 借助圆嘴钳最小段将剩余的长线头做开口9针收尾，完成蛇形扣头的制作。

5 将其中一个开口9针打开，将目标链子穿入开口9针。

6 穿入开口9针的目标链子一直穿到大圆弧处后，再借助弯头尖嘴钳和尼龙钳将步骤5打开的开口9针微调平整，再将目标链子的另一端穿入蛇形扣的另一个大圆弧处。

扫码观看蛇形扣视频教程

（2）问号扣头

◎难度：★ ☆ ☆ ☆ ☆

◎技法：拗线形、开口9针。

◎工具：直尺、剪钳、六段钳、圆嘴钳。

◎线材：0.81mm注金硬方线。

▶ **制作步骤**

1 剪取6cm长的0.81mm注金硬方线，借助六段钳第二段将其中一端线头绕出如图所示的连续两个线圈。

2 将目标链子穿入修剪整齐的方线小圈中。

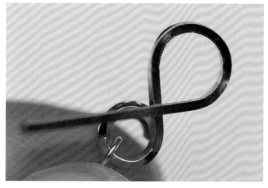 

3 借助六段钳第三段将剩余的方线绕出如图所示的形态。

4 用圆嘴钳最小段将剩余的方线线头绕一个与大圆相切的小圆，并剪掉多余线头。

5 再将目标链子的另一端穿入问号扣的大圆弧处。

扫码观看
问号扣视频教程

（3）吊坠扣头

在日常佩戴中，吊坠扣头是用来连接链子和吊坠的，也具备一定的装饰作用。因为绕线工艺在设计上有非常强的灵活性，所以吊坠扣头的款式可以说是千变万化的，本书对于吊坠扣头的教学展示可以供大家参考。

◎难度：★☆☆☆☆

◎技法：拗线形、0字绕、双线0字绕、双线叠绕、开口9针。

◎工具：直尺、剪钳、六段钳、尼龙钳、弯头尖嘴钳。

◎线材：0.25mm注金软线、0.64mm注金硬线。

◎配件：2mm光面注金珠、3mm光面注金珠、2.5mm锆石配件。

▶ **制作步骤**

1 剪取10cm长的0.64mm注金硬线，借助六段钳第二段将硬线中段绕出如图所示的水滴状圆弧。

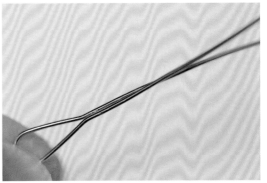

2 在距离圆弧直线距离1cm左右的位置，借助弯头尖嘴钳将硬线两端的线头处理成并列状态。

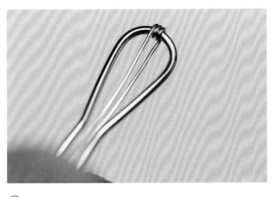

3 剪取50cm长的0.25mm注金软线，并用软线中段开始在圆弧处做三圈0字绕。

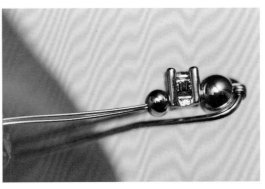

4 用双股细线依次穿入3mm金珠、2.5mm锆石配件和2mm金珠。

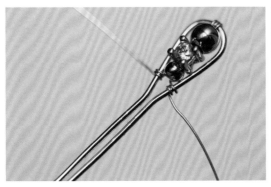

5 将两根细线分别在硬线上做两圈0字绕。

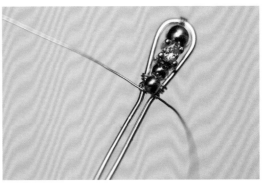

6 用细线对穿一颗2mm金珠，并拉紧细线后继续在硬线上分别做0字绕。

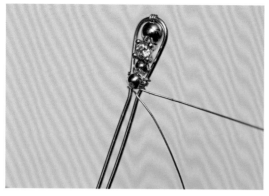

7 将其中一根细线拉至与另一根细线朝向相同。

8 借助六段钳第二段将并列的两根硬线同时弯折，且对穿金珠要与弯折的圆弧线相切。

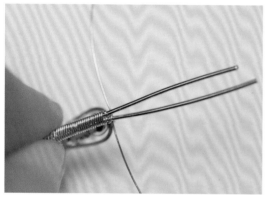
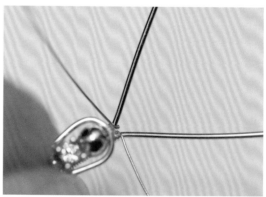

9 将双股细线在硬线上做双线0字绕，绕至与圆弧线相交处，细线再次分开，分别在硬线上做两圈0字绕。

10 用弯头尖嘴钳将并列的硬线以如图所示的八字状分开。

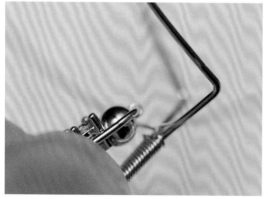

11 在距离线圈1cm左右的位置，用弯头尖嘴钳将硬线做如图所示的90°弯折。

12 将弯折后的硬线插入目标吊坠的缝隙中后，用弯头尖嘴钳将硬线弯折角度夹为锐角。

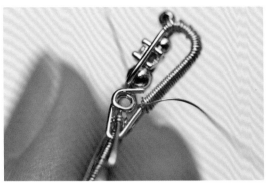

13 用圆嘴钳最小段将剩余硬线线头绕成小圆，并剪掉多余线头。

14 借助弯头尖嘴钳微调小圆的线形，使两边的结构尽量对称。

15 用细线将小圆与硬线做双线叠绕。

16 用细线穿入一颗2mm金珠后，将细线穿入水滴状结构中。

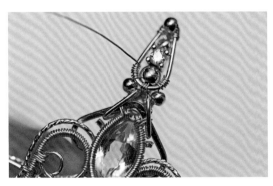

17 用细线在硬线上做五圈0字绕后，剪掉多余细线线头。

18 吊坠扣头的应用场景。

扫码观看
吊坠扣头视频教程

（4）直型排链扣头

◎难度：★☆☆☆☆

◎技法：拗线形、0字绕、双线0字绕、开口9针、串珍珠。

◎石头：2mm绿松石通孔圆珠、6~7mm两面光珍珠。

◎工具：直尺、剪钳、六段钳、弯头尖嘴钳。

◎线材：0.25mm注金软线、0.51mm注金硬线。

◎配件：3mm光面注金珠、铜镀金四排扣。

1 剪取16cm长的0.51mm注金硬线，借助六段钳的第三段绕出如图所示的连续线圈。

2 相连圆圈是以如图所示的S形走线相切的。

3 用六段钳第三段连续绕4组相切的圆圈，并剪掉多余硬线。

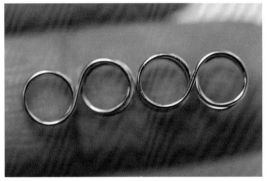

4 用弯头尖嘴钳微调圆圈的排列，使其在一条直线上。

5 重复上述操作，获得三个排扣主体结构。

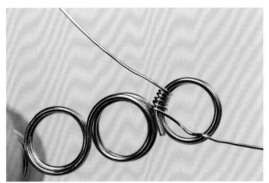

6 剪取48cm长的0.25mm注金软线，并在最边上圆圈如图所示的位置做五圈双线0字绕。

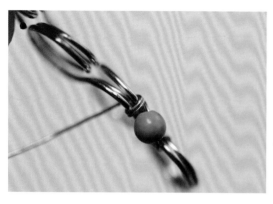 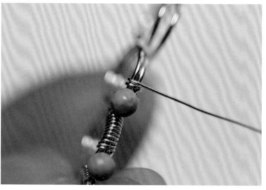

7 用细线穿入一颗2mm绿松石珠子后，将细线以S形的方式拉到相邻圆圈上做双线0字绕。

8 每个相邻圆圈都以上述方式进行连接加固。

9 将细线继续绕至圆圈的另一面，重复上述的连接操作。

10 将细线一直绕到第一颗绿松石珠子处。

11 将剩余细线穿过第一颗绿松石珠子后，在圆圈上做两圈双线0字绕，完成直型排扣的制作。

12 完成三个直型排扣配件的制作。

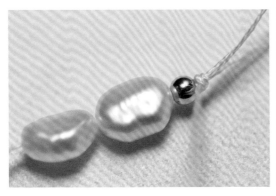

13 剪取100cm长的珍珠线，将双股珍珠线穿入一颗3mm金珠后，再开始穿入目标珍珠。

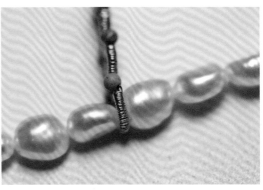

14 在珍珠穿到10cm长时，将珍珠线穿过直型排扣的第一个圆圈，再继续穿入珍珠，后面每间隔10cm就穿过一个直型排扣。

15 将珍珠线在排扣配件上连接好。

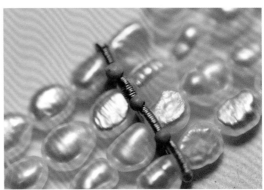

16 重复上述操作，完成四条珍珠项链的穿入工作。

17 将四条珍珠项链依次与排扣配件相连接。

18 将另一端的珍珠线穿过排扣配件后，再次回穿金珠后，拉紧珍珠线后，给珍珠线打结，剪掉多余珍珠线收尾即可。

19直型排链扣头应用展示。

(5) 环型排链扣头

◎难度：★☆☆☆☆

◎技法：拗线形、0字绕、双线0字绕、开口9针、串珍珠。

◎石头：2mm石榴石通孔角珠、3.5~4mm近圆珍珠。

◎工具：直尺、剪钳、六段钳、弯头尖嘴钳。

◎线材：0.25mm注金软线、0.51mm注金硬线。

◎配件：3mm光面注金珠、银扣头。

1 剪取9cm长的0.64mm注金硬线，并借助六段钳第二段绕一个完整的圆圈。

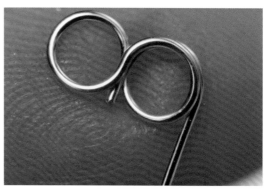

2 继续用六段钳第二段将剩余硬线绕出相切的圆圈。

3 完成五组圆圈，剪掉多余硬线线头。

4 借助六段钳和弯头尖嘴钳，将圆圈拗成如图所示的花朵状，获得环型排扣的主体。

5 完成三个排扣主体。

6 剪取30cm长的0.25mm注金软线，用细线的一端对第一个圆圈做三圈单线0字绕，再对第一个圆圈和第五个圆圈做双线叠绕。

7 将细线拉回第一个圆圈做4圈单线0字绕，之后穿入一颗2mm石榴石角珠，以S形拉到相邻圆圈上做单线0字绕。

8 每个相邻的圆圈都以2mm石榴石角珠相连。

9 细线绕至第一颗石榴石角珠时，穿过第一颗石榴石角珠后，将细线在圆圈上做两圈0字绕，剪掉多余细线线头。

10 完成三个环型排扣的制作。

11 剪取100cm长的珍珠线，并将双股珍珠线穿入一颗3mm金珠后，再开始穿入目标珍珠。

12 在珍珠穿到有9cm左右长时，将珍珠线穿过环型排扣的一个圆圈，再继续穿入珍珠，后面的珍珠每间隔9cm长，就穿过一个环型排扣。

13 完成五条珍珠项链的连接。

14 完成珍珠链条与银扣头的连接固定。

15 环型排链扣头应用展示。

第四章

复古绕线首饰制作教程

1 从 0 到 1 的简约绕线首饰制作教程

（1）珍珠手链

◎难度：★☆☆☆☆

◎技法：闭口9针、8字扣、半S形扣头、通孔珠收尾。

◎石头：6.5mm近圆通孔珍珠。

◎工具：直尺、剪钳、六段钳、尼龙钳、弯头尖嘴钳。

◎线材：0.64mm注金硬线。

◎配件：2.5mm光面注金珠、3mm光面注金珠。

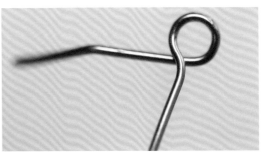

1 借助直尺和剪钳，剪取60cm长的0.64mm注金硬线，并借助六段钳最小段从硬线的一端开始绕制，获得第一个珠链小部件，注意珍珠两侧闭口9针的走线是相反的。

2 用剩余硬线，借助六段钳的最小段在硬线一端绕一个如图所示的开口9针。

3 将开口9针穿入第一个珠链小部件的其中一个闭口9针中。

4 借助尼龙钳和弯头尖嘴钳，完成新珍珠两端的两个闭口9针的绕制，也完成了珍珠间的牢固连接。

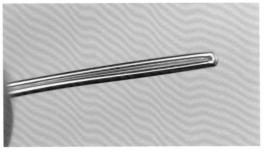

5 将一颗颗珍珠通过一个个闭口9针紧密连接起来，按目标手围制作出相应的长度，如手围15cm长的，珠链长度制作到14cm长即可，需留一点长度给配件。

6 剪取12cm长的0.64mm硬线，从硬线的三分之一处做出如图所示的180°弯折。

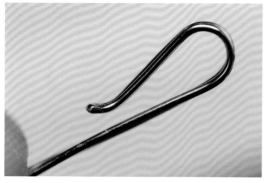

7 用六段钳第三段在双线中段做半圆弧操作后，再用六段钳最小段对弯折点的双线做小圆弧弯折，制作出半S形扣头的雏形。

8 将短硬线的剪口修剪到离双线弯折点5mm的间隔，对长硬线做如图所示的90°弯折。

9 用六段钳最小段将硬线绕出如图所示的开口9针。

10 将开口9针穿入珍珠珠链一端的闭口9针中。

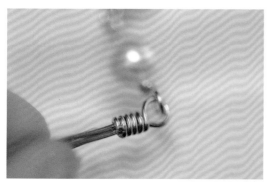

11 将剩余的硬线对步骤8中的5mm长的两根并列硬线做双线0字绕，并用弯头尖嘴钳夹紧线圈，使线圈紧密排列。

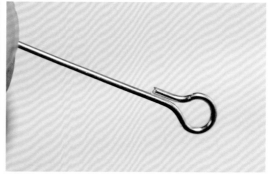

12 剪取6cm长的0.64mm硬线，在其一端用六段钳最小段拗出如图所示的开口9针，并修剪短线头的长度至3～4mm，之后对剩余的长线头向外做90°弯折，参考步骤8。

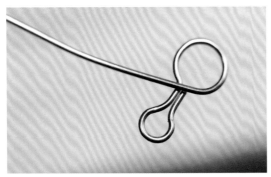

13借助六段钳第三段将弯折后的硬线绕出如图所示的开口9针。

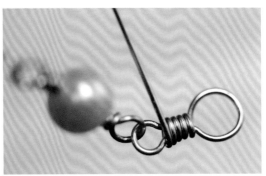

14一只手用尼龙钳夹紧大圆圈，另一只手用弯头尖嘴钳拉紧剩余硬线做出如图所示的双线0字绕，绕满并列的两根硬线后，剪掉多余线头。

15用弯头尖嘴钳夹紧硬线线头，完成8字扣的制作。

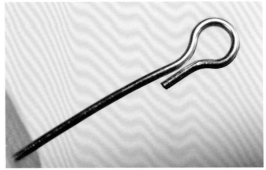

16剪取4cm长的0.64mm注金硬线，重复步骤12的操作。

17用六段钳最小段将弯折后的硬线做出一个相同大小的开口9针。

18将先绕好的开口9针穿入步骤15完成的8字扣的大圈后，一只手用尼龙钳夹紧另一个开口9针，另一只手拉紧剩余硬线开始做双线0字绕。

19 将两个开口9针的间隔处绕满双线0字绕，并剪掉多余线头，如还需加长延长链的长度，可依据需求多做几个8字扣连接起来。

20 剪取5cm长的0.64mm注金硬线，用弯头尖嘴钳对其中一个线头做出如图所示的弯折。

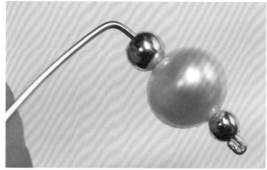

21 用弯头尖嘴钳进一步弯折线头，使其呈现出如图所示的180°弯折，双线并列长度在1～2mm，形成一个小堵头。

22 将2.5mm金珠、6.5mm近圆珍珠和3mm金珠依次穿入硬线后，将剩余硬线在距离3mm金珠有2mm左右的位置做出如图所示的90°弯折。

23 将弯折后的硬线用六段钳最小段绕一个开口9针，并将开口9针穿入步骤19做好的延长链的尾部闭口9针中。

24 将剩余硬线在步骤22留下的2mm间隔处做两圈0字绕后，剪掉多余线头，完成整个延长链部件的制作。

25 将半S形扣头与8字扣相连，可完成手链的佩戴。

26 完成整条珍珠珠链的制作。

喻可绕线心得：本条珍珠手链运用到的技法是绕线工艺中最常出现的基础技法，大家通过学习本教程，掌握了技法后，在DIY的时候，可以根据喜好和需要灵活运用，比如加长珠链的长度，做成项链，也可以搭配不同点位、不同材质的各类通孔珠子，做出不同风格和视觉效果的手链。

（2）珍珠花珠耳坠

◎难度：★☆☆☆☆

◎技法：开口9针、8字绕、通孔珠收尾、弹簧圈、耳钩。

◎石头：3mm通孔正圆珍珠、6.5mm通孔正圆珍珠、4mm×6mm通孔水滴珍珠、7.5mm×9mm
半孔水滴珍珠。

◎工具：直尺、剪钳、六段钳、弯头尖嘴钳、抛光条、珠宝胶水。

◎线材：0.25mm注金软线、0.41mm注金硬线、0.51mm注金软线、0.81mm注金硬线。

◎配件：2.5mm光面注金珠、3mm光面注金珠、6mm花珠隔片。

▶ **制作步骤**

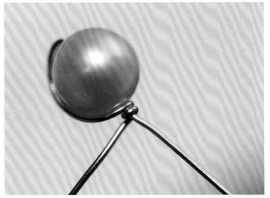

1 剪取两段20cm长的0.51mm注金软线，将两颗6.5mm通孔正圆珍珠分别穿入两段软线中，在距软线一端5cm长左右的位置，将软线长端贴着珍珠表面回绕，将长软线在短软线上绕两圈0字绕。注意两侧耳饰需同步操作，以确保两侧耳饰的高度对称。

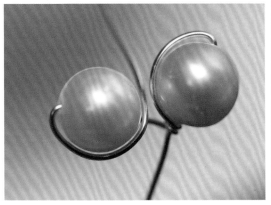

2 在长线上穿入一颗6.5mm珍珠，重复步骤1的操作。

3 再次将长线在短线上绕两圈0字绕，注意两组线圈之间的间隔需保持在3mm以上。

4 再次在长线中穿入第三颗6.5mm珍珠，注意回绕在每颗珍珠表面的软线须保持一定的规律。

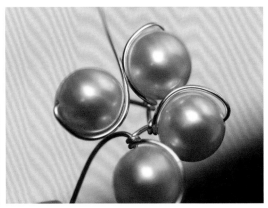

5 用剩余的长线穿入第四颗6.5mm珍珠，重复步骤1和2。

6 将短线搭到长线的最后一组线圈处。

7 用短线在最后绕好的两组线圈之间绕一圈0字绕，使4颗珍珠形成一个闭合的花环。

8 将剩余的短线在最先绕好的两组线圈之间绕一圈0字绕，之后拉至珍珠花环的另一面，即长线、短线分别以垂直于珍珠花环的方式位于珍珠花环的两侧。

9 微调4颗珍珠的位置和珍珠上的圆弧线圈的位置，使4颗珍珠尽量呈对称状分布。再以同样的方法制作两个这样的大珍珠花环备用。

10 剪取四段8cm长的0.51mm软线，用16颗3mm正圆小珍珠以相同的方法绕出4个小珍珠花环，注意小珍珠花环完成后剩余的线头需剪掉。

11 将大珍珠花环剩余的线头穿过小珍珠花环中心的空隙中，并微调小珍珠花环的位置，使每颗小珍珠位于两颗大珍珠之间。

12 将剩余的线头穿入4mm×6mm的通孔水滴珍珠。

13 将剩余线头以螺旋式环绕的方式贴着水滴形珍珠回绕到通孔的另一端。

 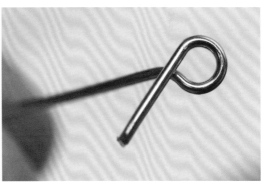

14 将剩余的线头紧贴着水滴形珍珠的底部做两圈0字绕，并剪掉多余的线头收尾，获得珍珠花珠。

15 剪取两段3cm长的0.81mm注金硬线，紧贴六段钳最小段的钳身绕一个小圆后，再夹紧六段钳将长线做出如图所示的弯折。

16 用剪钳的平口侧剪掉多余的短线头，并用弯头尖嘴钳将所有线形微调至同一平面，获得开口9针。

17 将开口9针的针长修剪至适配7.5mm×9mm半孔水滴形珍珠的长度，再用珠宝胶水将3mm金珠、6mm花珠隔片和半孔水滴形珍珠依次固定起来。

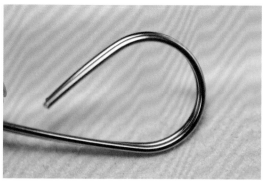

18 剪取两段5cm长的0.81mm注金硬线，并将其紧贴在六段钳最大段上拗出如图所示的水滴状圆弧。

19 借助弯头尖嘴钳在圆弧线与直线相切处，做出如图所示的弯折操作。

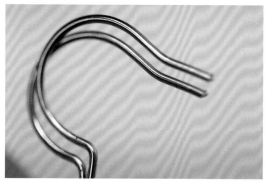

20 再次借助六段钳最大段，将水滴状圆弧的另一侧做出如图所示的弯折，形成耳钩的针头，并使两根耳钩从长度到弧度上都趋同。

21 用抛光条对耳钩的针头处进行打磨，使针头圆润、平整。

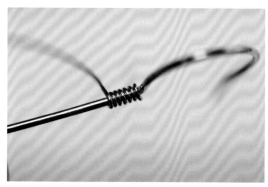

22 剪取两段4cm长的0.41mm注金硬线，将其在耳钩长线上做七圈紧密排列的0字绕，剪掉多余的线头，获得弹簧圈。

23 用弯头尖嘴钳夹紧线圈线头，使其紧贴耳钩长线，之后将3mm金珠穿入耳钩长线。

24 将耳钩长线的剩余部分做如图所示的90
度弯折。

25 借助六段钳最小段用剩余的硬线制作出
一个开口9针，获得耳钩。

26 剪取四段6cm长的0.25mm注金软
线，从软线的中段开始，将耳钩的开口9针
与大珍珠身上的圆弧线以8字绕的方式开始
做连接。

27 在两个部件间做四个8字绕。

28 将剩余的软线，分别在8字绕线圈上做0
字绕，如图所示。

29 用软线在8字绕线圈上做完两圈0字绕
后，剪掉多余软线线头。

30 以同样的方式，将水滴形珍珠吊坠与珍 31 完成珍珠花珠耳坠的制作。
珠花珠连接起来。

喻可绕线心得：在这对珍珠耳饰的制作过程中，按常规的操作，耳钩的开口9针和
大水滴吊坠的开口9针是可以直接钩在大珍珠的圆弧线上的，但这样会给珍珠带来很大的
磨损，所以喻可采用软线将耳钩、珍珠花珠和水滴形珍珠吊坠以8字绕的方式连接起来，
这种连接方式在后续的重工绕线首饰的制作教程中也会多次用到。

大家可以发挥自己的巧思，将各种基础技法进行灵活运用，得到专属于自己的绕线
首饰。

（3）黑玛瑙花耳夹

◎难度：★★☆☆☆

◎技法：夹镶、紧卷、双线叠绕、蚊香盘耳夹。

◎石头：8mm正圆素面黑玛瑙。

◎工具：直尺、剪钳、六段钳、圆嘴钳、弯头尖嘴钳、水性笔。

◎线材：0.25mm注金软线、0.51mm注金硬线、0.64mm注金硬线。

◎配件：2.5mm八角注金珠。

▶ 制作步骤

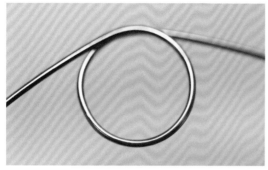

1 剪取两段15cm长的0.64mm注金硬线，将硬线中段紧贴六段钳第五段钳身拗两个如图所示的完整圆圈。因为要保持两侧耳饰的高度对称，所以两侧耳饰的同一步骤必须同步操作。

2 用弯头尖嘴钳对圆圈相交处的硬线做同一方向的90°弯折，并微调圆圈大小，使其适配8mm正圆素面黑玛瑙，即硬线圆圈刚好能通过正圆黑玛瑙，获得夹镶主框。

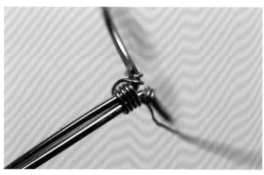

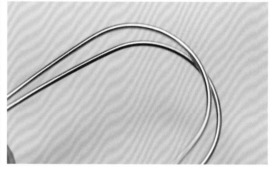

3 剪取六段24cm长的0.25mm注金软线，用软线中段对并列的0.64mm注金硬线做四圈双线0字绕，之后再用两端剩余的软线分别在硬线圆圈上做两圈0字绕。

4 剪取两段5cm长的0.51mm注金硬线，并将两段硬线紧贴六段钳最大段的钳身，拗出如图所示的半圆弧。

5 在拗出半圆弧的0.51mm注金硬线的圆弧最低处穿入一颗2.5mm八角注金珠，将其与夹镶主框贴在一起，注意第一颗金珠须位于夹镶主框闭合处。用步骤3缠绕后两侧剩余的软线分别从第一颗金珠的两侧开始，对0.51mm注金硬线和夹镶主框做双线叠绕。

6 叠绕三圈后，用软线在夹镶主框上绕七圈紧密排列的0字绕后，再在半圆弧上穿入一颗新的2.5mm八角注金珠，并继续用软线对0.51mm注金硬线和夹镶主框做双线叠绕，将每颗注金珠以一定规律间隔开来，每增加一颗注金珠，就可以将0.51mm注金硬线围着夹镶主框圆弧做一点靠拢。

7 在第一段24cm长的0.25mm注金软线绕至夹镶主框的圆弧中部时，可再接一段新的24cm长的0.25mm注金软线，且新的软线需预留至少5cm长的线头，新旧软线呈如图所示的环抱式。

8 将一侧的金珠绕至夹镶主框的中轴线处时，剪掉多余的0.51mm注金硬线，并至少预留6mm的线头。

9 将另一侧的注金珠绕至夹镶主框的中轴线处。

10 剪断一端的注金珠外露出的硬线，并将另一端的硬线线头修剪到3mm左右的长度。

11 借助弯头尖嘴钳，将外漏的约3mm硬线线头也穿入最后一颗2.5mm注金珠中，使注金珠装饰框形成闭环。

12 用软线对注金珠装饰框和夹镶主框继续做双线叠绕。

13 用0字绕将夹镶主框绕满，剩余的软线线头留着备用。

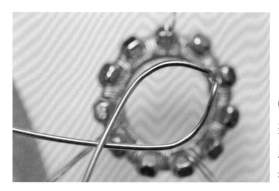

14 用弯头尖嘴钳将夹镶主框连接处的两根0.64mm注金硬线从步骤3的双线0字绕处向夹镶主框的下方做90°弯折。如图所示，再用弯头尖嘴钳将两根硬线做出马眼状圆弧，获得夹镶底框。

15 将8mm正圆素面黑玛瑙卡入夹镶主框和底框之间，用弯头尖嘴钳将两根硬线在相交处做出如图所示的并列操作，且相交处须处于石头边缘，将面框剩余的软线线头拉至夹镶底框的双线并列处做双线0字绕，通过将夹镶主框和底框连接起来，起到镶嵌石头的作用。

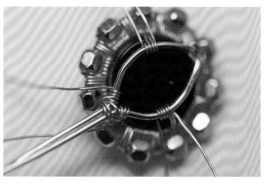

16 将夹镶主框上剩余的其他软线线头也拉至夹镶底框上开始做0字绕，以起到进一步固定石头的作用。

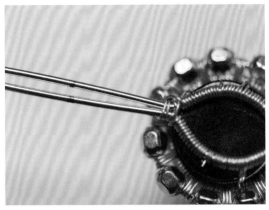

17 用水性笔在距离0.64mm注金硬线双线并列点12mm左右的位置，画上记号。

18 将双线紧贴六段钳第三段的钳身，绕出如图所示的U形，步骤17的记号须位于U形最低点。

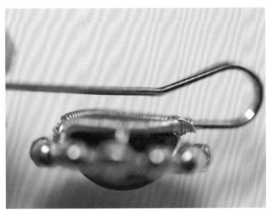

19 再用弯头尖嘴钳将位于石头底部的双线做如图所示的弯折操作，使双线与石头底部呈平行状。

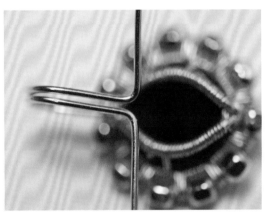

20 用圆嘴钳最小段将两根硬线从步骤19的弯折点处向两侧做如图所示的90°弯折。

21 将其中一根硬线的线头修剪至3.5cm左右的长度，并将其从圆嘴钳最小段处开始，紧贴圆嘴钳钳身，做如图所示的螺旋状环绕，从俯视角度来看，需在圆嘴钳的钳身上绕满一圈。

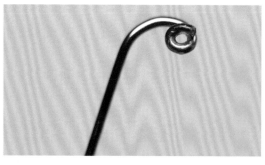

22 用弯头尖嘴钳将螺旋状硬线的线头处做微调，使其硬线线头呈现出如图所示的小圆圈。

23 用剪钳剪掉多余线头，再继续用弯头尖嘴钳微调小圆圈，使小圆圈中间的空隙尽可能小。

24 用弯头尖嘴钳夹紧已成型的小圆圈，使剩余的0.64mm注金硬线紧贴着小圆圈开始卷，形成紧卷。

25 将剩余的0.64mm注金硬线紧贴着小圆圈一圈一圈地全部卷完，形成蚊香盘，从垂直方向来看，蚊香盘须位于正圆黑玛瑙的底部中心。

26 用圆嘴钳最小段将另一侧的0.64mm注金硬线线头在90°弯折点出做出如图所示的开口9针，此处需注意线头走线。

27 继续用圆嘴钳最小段将剩余硬线线头再绕一个开口9针，使两个开口9针呈8字状，之后剪掉多余线头，并将各处线形微调至同一平面。

28 剪取两段10cm长的0.25mm注金软线，并用软线从中段开始将8字状硬线在如图所示的位置与蚊香盘的硬线做三圈多线0字绕。

29 用剩余的软线继续连接8字状硬线与蚊香盘，最后用软线在8字状硬线上做两圈0字绕后，剪掉多余软线。

30 完成黑玛瑙花耳夹。

喻可绕线心得：这副黑玛瑙花耳夹的设计初衷是让没有打耳洞的姐妹也能戴上漂亮的耳饰。蚊香盘耳夹是常用到的结构之一，其实也可以设计成其他的花型来实现耳夹的功能。另外，在这个案例用到的夹镶技法中，只用夹镶主框也可以镶嵌好石头，但为了增加美观度，在设计上又添加了一圈金珠装饰线。大家在学习完本教程后，在DIY制作时，可以用珠链、滚链、小珍珠、切面水晶珠等来代替金珠装饰线，只要不同材质配色得宜、尺寸和谐，制作出的成品效果一定会令人惊艳的。

（4）马贝珍珠一体式耳钉

◎难度：★★☆☆☆

◎技法：夹镶、三线叠绕、一体式耳钉、方线麻花拧。

◎石头：长14mm×宽11mm×厚8mm的马贝珍珠。

◎工具：直尺、剪钳、镊子、六段钳、尼龙钳、抛光条、弯头尖嘴钳。

◎线材：0.25mm注金软线、0.64mm注金批花线、0.81mm注金硬线、0.81mm注金硬方线。

◎配件：2.5mm光面注金珠。

▶ 制作步骤

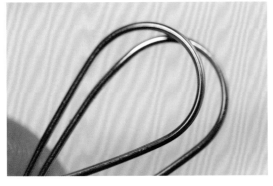

1剪取两段12cm长的0.81mm注金硬线，将两根硬线中部紧贴六段钳第六段的钳身，拗出如图所示的半圆弧，两侧耳饰须同步操作。

2借助弯头尖嘴钳，在半圆弧的基础上，将硬线进一步微调成适配马贝珍珠的椭圆形，之后在硬线相交处对其做90°弯折，弯折点须位于椭圆长轴线上，最终椭圆线形要比马贝珍珠的底部外圈往外扩展1mm左右，获得夹镶主框。

3剪取两段5cm长的0.64mm注金批花线，将其紧贴六段钳第五段的钳身，拗出如图所示的圆弧状。

4剪取两段6.5cm长的0.81mm注金硬方线，一端用弯头尖嘴钳夹紧，另一端用尼龙钳夹紧，之后360°扭动旋转夹紧方线的尼龙钳，对方线做麻花拧，少量、多次地转动尼龙钳，使方线上的麻花拧尽量均匀地分布。

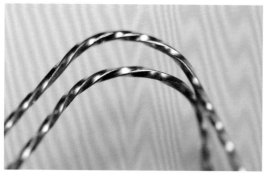

5 将两段拧好麻花的方线紧贴六段钳第六段的钳身，拗出如图所示的圆弧。

6 剪取两段80cm长的0.25mm注金软线，用软线中段在夹镶主框的双线合并处做十圈双线0字绕，之后将绕好的线圈推到椭圆交汇处。

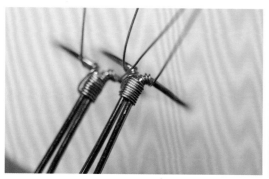

7 将两端多余的软线分别在夹镶主框上做三圈0字绕。

8 再将两端的软线以8字的方式对穿一颗2.5mm光面注金珠后，继续在夹镶主框上做一圈0字绕。

9 将步骤5处理好的麻花方线贴在夹镶主框的外圈，开始用软线对麻花方线和夹镶主框做双线叠绕。

10 再将步骤3处理好的批花线贴在夹镶主框的内圈，开始用软线对批花线、夹镶主框和麻花方线做三线叠绕。

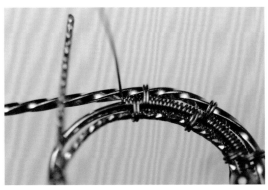

11 在做三线叠绕时，为了美观，软线线圈须呈一定的规律进行分布，所以我们需要边绕边记软线线圈的圈数。

12 当一侧的三线叠绕做到椭圆长轴线上时，用剪钳剪掉多余批花线，必须在靠近批花线剪口处做好叠绕加固，再用弯头尖嘴钳将麻花方线向夹镶主框的背面做90°弯折。

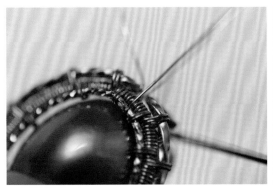

13 完成另一侧的三线叠绕后，两侧批花线的剪口需尽力平整且吻合，再次剪取两段50cm长的0.25mm注金软线，将软线的中段嵌入椭圆长轴线处的夹镶主框上的软线线圈中，如图所示。

14 用弯头尖嘴钳将麻花方线做进一步的U形弯折。

15 用弯头尖嘴钳将0.81mm注金硬线从步骤7的双线0字绕处向夹镶主框的下方做90°弯折，如图所示，再用弯头尖嘴钳对两根硬线做出马眼状圆弧，获得夹镶底框。之后在夹镶主框和底框之间卡入马贝珍珠。

16 借助六段钳最小段，将一侧的硬线拗出一个小圆，从俯视角度来看，小圆的外圈需刚好与马贝珍珠底部的椭圆弧和椭圆中轴线相切。

17 剪掉线头，获得开口9针。将夹镶主框上的软线全部拉到底框上，用软线将开口9针与另一根硬线做双线0字绕，以起到加固作用。

18 将底框上的两根相对较长的软线交叉拉至麻花方线的U形处。

19 用两根软线对两端的U形麻花方线各做两圈双线0字绕。

20 再以交叉的方式回到底框上继续做0字绕。

21 将麻花方线的线头用剪钳修剪到剩余3mm左右的长度后，再用弯头尖嘴钳将U字形进一步夹紧，缩小U字形的空隙。

22 将夹镶底框上剩余的0.81mm硬线线头做出如图所示的90°弯折，使弯折点处于夹镶主框的长轴线上，且从马贝珍珠的正面俯视来看，夹镶主框须挡住弯折点。

23 将弯折后的线头修剪到11mm左右的长度，并用抛光条将剪口打磨得平整、圆润，获得一体式耳钉。

24 用较短的软线将开口9针的开口端绕满0字绕，用较长的两根软线在马眼状硬线上绕0字绕。在两线相交分离处，再用软线在相邻的硬线上做一圈8字绕，以起到进一步加固的作用。

25 当夹镶底框背面的0字绕绕到椭圆短轴线上时，用镊子的尖头扩大夹镶主框与麻花方线叠绕线圈的缝隙。

26 将底框上的软线拉到面框上，穿过面框叠绕线圈的缝隙，并拉紧软线。注意珍珠两侧必须同时操作，以确保面框与底框始终保持平行状态。

27 将软线再次拉回到底框上,继续做0
字绕。

28 为增加美观度,用软线将整个底框都绕
满0字绕,剪掉多余的软线线头。

29 完成马贝珍珠一体式耳钉的制作。

喻可绕线心得:一体式耳钉的设计会让整副耳饰在佩戴时显得更加低调又不失精
致,但因耳洞中的分泌物对金属的腐蚀性是很强的,所以每次结束佩戴后,我们都需要用
湿纸巾或珠宝布将耳针清洁干净后再存放,以延长一体式耳钉的使用寿命。大家在学会制
作这副椭圆马贝珍珠的耳钉后,也可以尝试更换其他形态的石头来练习夹镶技法,比如正
圆形的、水滴形的、心形的、马眼形的、异形的等。当我们投入到自由组合搭配中时,会
发现原来创作的乐趣是那么的让人振奋。

2 从1到2的华丽绕线首饰制作教程

（1）《紫霞》紫水晶戒指

◎难度：★ ★ ★ ☆ ☆

◎技法：压镶、蜗牛卷、多线叠绕。

◎石头：3mm正圆通孔珍珠、长20.5mm × 宽16mm × 厚11.5mm的椭圆素面紫水晶。

◎工具：直尺、卡尺、剪钳、圆嘴钳、六段钳、弯头尖嘴钳、直头尖嘴钳、港码戒指棒、港码戒指圈。

◎线材：0.25mm注金软线、0.51mm注金批花线、0.64mm注金硬线、0.81mm注金硬线、1.5mm注金豆豆线。

◎配件：2mm光面注金珠、2.5mm光面注金珠、3mm光面注金珠。

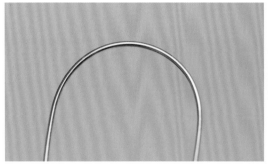

1 剪取8cm长的0.64mm注金硬线，将其中段放在戒指棒13号圈上拗出如图所示的半圆弧。

2 将0.64mm注金硬线的半圆弧依着石头底部的椭圆形，拗出刚好围着石头底部的椭圆弧，且椭圆接头处应与石头的长短轴线错开，获得压镶主线。

3 剪取7cm长的0.51mm注金批花线，将其围着石头底部拗一个大致的椭圆形。

4 剪取7.5cm长的1.5mm注金豆豆线，也将其围着石头底部拗一个大致的椭圆形。

5 剪取一段24cm长的0.25mm注金软线，将压镶主线接头处连接起来的同时，与椭圆形豆豆线开始做如图所示的双线叠绕。

6 每在压镶主线上做三圈0字绕，就将豆豆线与压镶主线做一圈双线0字绕，确保每个豆豆间隙都与压镶主线连接起来。

7 将椭圆形批花线放置在压镶主线内侧相切处，用软线开始对批花线、压镶主线和豆豆线做三线叠绕。

8 重复上述步骤的叠绕规律，将软线一直绕满批花线和豆豆线，每当软线线头只余下5cm左右时，再剪取24cm长的0.25mm注金软线接上即可，需留意最后批花线接头和豆豆线接头在压镶主线的同一位置。

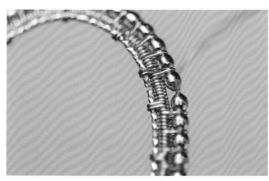

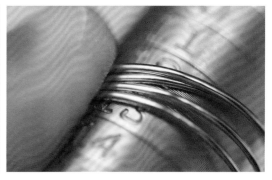

9 用剪钳一点点修剪批花线的两个剪口，使其能够相吻合，完成所有批花线、豆豆线与压镶主线的叠绕固定，完成压镶面框的制作。

10 剪取两段12cm长和两段15cm长的0.81mm注金硬线，将各线的中段同时放在港码戒指棒的13号圈上做圆弧操作。

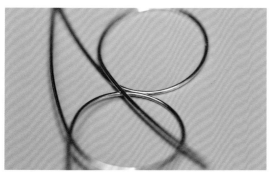

11 再次分别将四个0.81mm硬线圆弧放在港码戒指棒的13号圈（目标成品的圈号）上拗出完整的圆弧。

12 将四个0.81mm硬线圆圈平行并列，15cm长的硬线圆圈放两侧，12cm长的放中间。剪取120cm长的0.25mm注金软线，用软线的中段开始对四个圆圈的中段做如图所示的叠绕。

13 在叠绕四个圆圈时，要确保各处的长短线圈都是排列紧密规整的。

 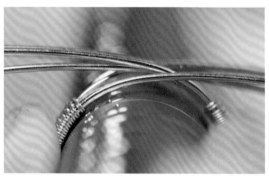

14 用软线将圆圈的四分之三的长度都绕满。

15 将圆圈套在港码戒指棒的第13号圈上，当两侧的软线线圈的直线间距与石头的宽度相接近时，即算是完成了戒臂的叠绕作业。

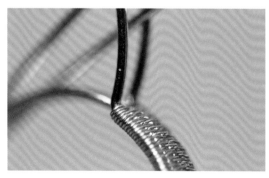 

16 将戒臂外侧的四根硬线做垂直于戒臂的90°弯折。

17 将戒臂内侧的其中一根硬线做如图所示的钝角弯折。

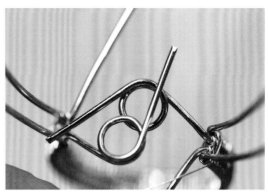

18将戒臂内侧另一根硬线做角度更大的钝角弯折。

19将上一步中弯折的硬线，用六段钳的第三段各绕一个圆。

20再借助六段钳的第一段在大圆中各绕一个小圆，剪掉多余硬线，获得蜗牛卷。

21用弯头尖嘴钳微调蜗牛卷各处的线形，使其处在同一平面。

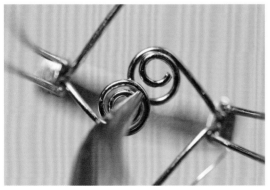

22用弯头尖嘴钳从蜗牛卷的各个角度用力夹紧蜗牛卷，使蜗牛卷的缝隙变得更紧凑。

23剪取四段24cm长的0.25mm注金软线，分别从戒臂两边外侧的2根硬线上以0字绕的方式起头后，再分别以S形的方式绕到内侧的2根硬线上继续做6～8圈0字绕，如图所示。

24 用内侧硬线上的软线将其与蜗牛卷的大小卷以如图所示的方式叠绕连接起来。

25 借助六段钳的第五段和第二段对外侧的硬线做出如图所示的蜗牛卷操作，剪掉多余硬线。

26 用软线将外侧的大蜗牛卷与内侧的小蜗牛卷硬线叠绕固定起来。

27 借助六段钳的第六段，将整面大蜗牛卷拗出适配石头底部的弧形。

28 继续用软线将蜗牛卷的大小卷叠绕连接起来，并剪掉多余软线。

29 用六段钳的第二段将戒臂外侧的硬线分别向内做两个大圆，戒臂两侧需同时操作，确保高度对称。

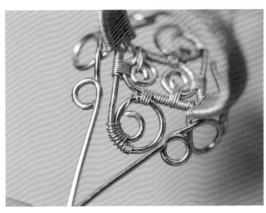

30 再用六段钳的第一段分别绕一个紧挨着大圆的小圆。

31 用直头尖嘴钳将小圆微调至与大蜗牛卷处于同一平面。

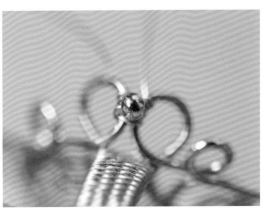

32 剪取两段36cm长的0.25mm注金软线，对大圆做一圈双线0字绕。

33 将两根软线对穿一颗2mm光面注金珠后，再各自绕回到大圆上做0字绕。

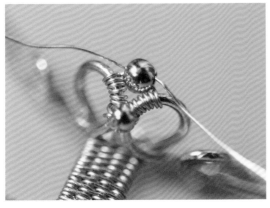

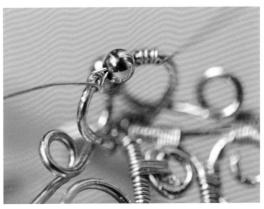

34 各绕五圈0字绕后，再对穿一颗2.5mm光面注金珠。

35 对穿后的软线走线呈8字状。

36 将软线绕至大圆相接处时，以S形的方式绕至如图所示的位置。

37 用软线将小圆和大蜗牛卷做叠绕固定，为确保高度对称，须同时完成四个位置的连接。

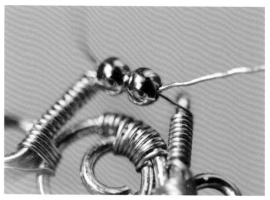

38 将剩余的硬线以垂直于戒臂的方向向上做90°弯折，且四个弯折点刚好可以卡住石头底部。

39 将软线继续绕至弯折点时，对穿两颗2mm光面注金珠，并拉紧软线后，继续在硬线上做四圈0字绕，剪掉多余软线。

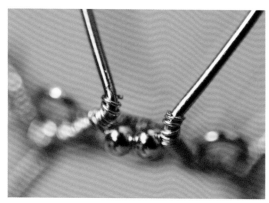

40 借助直头尖嘴钳，将两根0.81mm硬线微调成如图所示的八字状。

41 用六段钳第二段将剩余硬线各做一个开口9针，剪掉多余硬线，获得戒臂底托。

42 用直头尖嘴钳微调开口9针整个平面的角度，使其尽量贴于石头表面。

43 将压镶面框放在石头戒面上，将面框上留下的软线线头拉至底托的四个小圆上，并微调面框的整个平面至水平状态。

44 将面框的软线线头在小圆上拉紧并绕0字绕，如果软线够长，可绕满整个小圆。

45 剪取两段24cm长的0.25mm注金软线，将软线的中段卡入两个开口9针中，并做一圈双线0字绕。

46 对穿一颗3mm珍珠，并拉紧软线。

47 在软线中依次穿入四颗3mm光面注金珠，一颗2.5mm光面注金珠和两颗2mm光面注金珠。

48 将两侧穿入系列注金珠后的软线，分别穿过底托上的2.5mm注金珠。

49 穿过底托上的注金珠后的软线，继续回穿对侧的系列的注金珠。

50 拉紧两侧的软线，使四段注金珠紧围着石头一周呈椭圆状。

51 用剩余的软线将3mm珍珠与开口9针做进一步的连接固定。

52 将软线绕至开口9针上做三圈0字绕后，剪掉多余软线。

53 完成紫水晶戒指的制作。

　　喻可绕线心得：通过学习制作这枚紫水晶戒指，不难发现，压镶技法相较夹镶技法来说，结构更加独立。独立的结构意味着镶嵌石头的底托在设计上的可操作性变得更强，底托的结构可繁复，亦可简约。此外，在固定压镶的面框和底托时，要尽量多设计一些固定点，尤其是当石头体量比较大时，多个固定点能延长戒指的佩戴寿命，否则软线在长期佩戴中容易磨损断掉，石头就会脱落遗失。

（2）《碧空之夜》蓝月光石珍珠吊坠

◎难度：★★★☆☆

◎技法：网包、08绕、复合双线叠绕。

◎石头：3mm正圆通孔珍珠、4mm正圆通孔珍珠、长23.5mm×宽14mm×厚9mm的椭圆素面月光石。

◎工具：直尺、卡尺、剪钳、镊子、圆嘴钳、六段钳、弯头尖嘴钳。

◎线材：0.25mm注金软线、0.41mm注金硬线、0.51mm注金硬线、0.64mm注金硬线。

◎配件：2mm光面注金珠、2.5mm光面注金珠、3mm光面注金珠。

▶ **制作步骤**

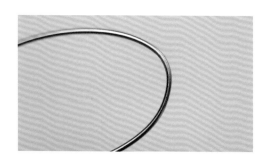

1 剪取一段18cm长的0.64mm注金硬线，将其中段紧贴六段钳第六段的钳身拗一段小圆弧后，再将硬线围着石头绕一个大致的椭圆。

2 用弯头尖嘴钳微调椭圆的大小，使椭圆线形刚好等于月光石底部的外圈大小。

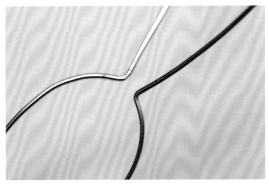

3 用弯头尖嘴钳弯折椭圆相交处的两段硬线，弯折点须处于椭圆长轴线上，弯折后的硬线与椭圆线形须处于同一平面，获得网包底框。

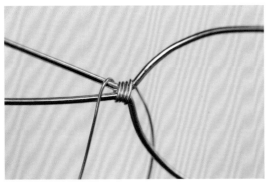

4 剪取100cm长的0.25mm注金软线，从距软线的一端5cm左右的位置开始对网包底框的弯折点进行如图所示的双线0字绕。

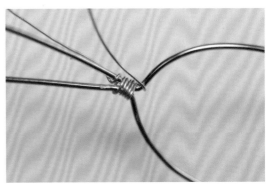

5 用短软线在硬线上绕一圈0字绕以固定软线线圈，之后用长软线开始准备在网包底框上绕第一层网目。

6 如图所示，注意软线在绕第一层网目时的走线方向。

7 从做第二个网目开始，就需要借助镊子，微调每个网目的大小，使每个网目的大小都是相接近的。

8 按上述方式，绕满整个底框，完成网包技法中的第一层网目。

9 将月光石平放在底框上，尽力将底框上的第一层网目调整至贴拢石头表面。

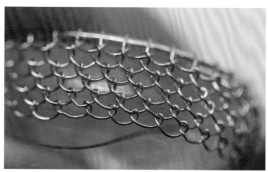

10 开始绕第二层网目的第一个网目，如图所示，须特别留意软线走线方向与第一层网目的区别，此后每个新网目的走线方向都与这个网目相同。

11 从绕第二层网目起，每次编织新网目，借助镊子微调网目大小的同时都必须拉紧软线，使每个网目的大小尽可能接近，且网目的层数必须绕到能包住石头为止，如石头还能滑出，则网目层数必须继续增加。

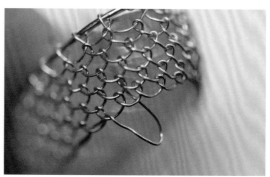

12 在绕完第六层网目时，确认石头已被包住，剩余软线停止绕新网目，将软线以如图所示的方式穿过相邻网目，开始锁边操作。

13 将软线持续地穿入相邻网目，每次都需要拉紧软线。

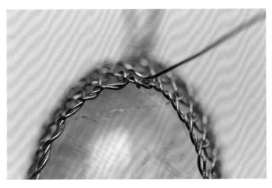 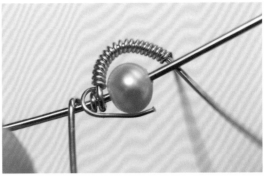

14 锁边操作绕满后,用软线在最后一个网目上加绕两圈0字绕,剪掉多余软线,完成石头的网包工作。

15 剪取10cm长的0.51mm注金硬线、24cm长的0.41mm注金硬线和90cm长的0.25mm注金软线,用0.41mm硬线的一端从0.51mm硬线的一端开始绕两圈0字绕,之后用0.25mm软线的一端在0.41mm硬线上做二十圈0字绕。在0.51mm硬线上穿入第一颗3mm珍珠,将绕满二十圈0字绕的0.41mm硬线围着珍珠做出如图所示的圆弧。

16 将0.41mm硬线再次拉回0.51mm硬线上,贴着珍珠通孔的另一端,绕两圈0字绕。

17 用0.25mm软线继续在0.41mm硬线上做二十圈0字绕。

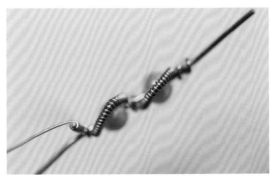

18 在0.51mm硬线上穿入第二颗3mm珍珠后,对0.41mm硬线重复上述操作,侧面效果如图所示。

19 连续固定十五颗3mm珍珠后，将其围着石头底部，绕出如图所示适配石头的椭圆形，获得珍珠部件。

20 用第一颗珍珠起头处的0.51mm硬线在网包底框的八字状线头上绕两圈0字绕，剪掉多余的0.51mm硬线，再剪取50cm长的0.25mm注金软线，用软线的中端在网包底框上绕一圈0字绕。

21 将软线拉至石头正面，并将珍珠部件尽可能贴拢石头。

22 用双股软线同时穿入一颗2.5mm注金珠，并拉紧软线，将注金珠固定于珍珠与八字状硬线的缝隙处。

23 将双股0.25mm软线拉紧至网包底框背后，在底框上绕两圈0字绕，之后再次将双股软线拉到石头正面。

24 重复上述操作，直到将整个珍珠部件与网包底框完成复合双线叠绕为止，将穿好最后一颗珍珠后剩余的0.51mm硬线在另一根八字状硬线上做两圈0字绕。

25 再将剩余的0.51mm硬线以S形绕到另
一根八字状硬线上继续做一圈0字绕。

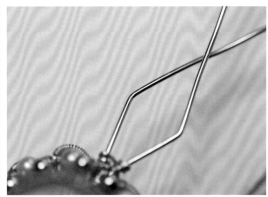

26 用弯头尖嘴钳将八字状的0.61mm硬线
拗出对称的菱形。

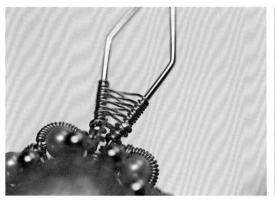

27 剪取80cm长的0.25mm注金软线，用
软线的一端开始在菱形硬线上做08绕。

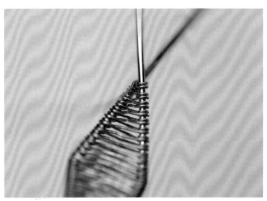

28 用08绕将整个菱形填满。

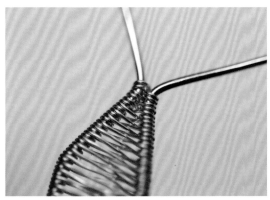

29 用圆嘴钳将剩余的硬线做八字状分开，
并将菱形上的软线线圈处理得紧一些。

30 将菱形的中段紧贴六段钳第四段的钳身
做圆弧状弯折后，将剩余的软线拉至菱形起头
处的0.51mm硬线上绕一圈0字绕。

31 将软线拉至菱形的终点后，在其中一根 0.64mm硬线上做两圈0字绕。

32 借助镊子尖头撬起网目的缝隙，将硬线上的软线穿过网目缝隙。

33 将软线拉至另一根硬线上绕两圈0字绕，再通过网包的网目回到起初的硬线上做一圈0字绕后，剪掉多余软线。

34 剪取20cm长的0.25mm注金软线，将其中段在菱形终点处做一圈双线0字绕后，再对穿一颗4mm珍珠，之后拉紧珍珠两端的软线。

35 借助六段钳最小段，将剩余的硬线拗一个紧挨着4mm珍珠的小正圆，并剪掉多余硬线。

36 用软线将开口9针绕满。

37 用软线穿入一颗2mm注金珠，使注金珠刚好落于开口9针的小圈内。

38 用软线在9针后绕一圈0字绕后，再绕到网包的网目上做三圈0字绕，之后剪掉多余软线。

39 完成月光石吊坠的制作。

喻可绕线心得：在绕线工艺的中阶技法中，网包技法适用于平底素面石头，它的难度是比较大的，因为一层层叠加起来的网目不仅要紧贴石头表面一气呵成，还要每个网目大小一致，所以在制作的过程中，大大地考验了创作者的耐性，有的同学在初次尝试网包技法时，甚至会失败10次，才能成功包好第一颗石头。但当我们面对难题的时候，就是进步的时候。抓住难点，通过刻意练习去解决难点，我们的成长速度就会是惊人的。

（3）《盈轮》彩虹月光石 vs 紫玉髓双面吊坠

◎难度：★ ★ ★ ☆ ☆

◎技法：划线盘、一线压镶、8字绕、双线叠绕、复合0字绕、接线、双线麻花绕。

◎石头：3mm正圆通孔珍珠、8mm正圆素面月光石、8mm正圆素面紫玉髓。

◎工具：直尺、卡尺、剪钳、六段钳、弯头尖嘴钳、拧麻花器、港码戒指棒。

◎线材：0.25mm注金软线、0.51mm注金软线、0.64mm注金硬线，0.81mm注金硬线。

◎配件：2mm光面注金珠、3mm光面注金珠、4mm光面注金珠、7mm正圆闭口圈、20mm正圆
闭口圈。

▶ **制作步骤**

1 剪取20cm长的0.64mm注金硬线，用六段钳第二段在硬线的一端绕一个如图所示的正圆。

2 剪取30cm长的0.25mm注金软线，用软线对硬线圆圈和7mm正圆闭口圈开始做双线叠绕，并将剩余的硬线贴着闭口圈绕成圆弧状，如图所示。

3 再次借助六段钳第二段，将硬线绕出一个新的正圆，使其紧挨着第一个圆，并继续用软线将其与闭口圈做好叠绕固定。

4 用硬线小圆绕满整个闭口圈，获得底托。

5 将8mm正圆素面紫玉髓平放在闭口圈上，并将剩余的0.64mm硬线紧贴紫玉髓的表面以螺旋的方式绕三圈，开始对紫玉髓做一线压镶，如图所示。

6 在第三圈线圈绕完后，用圆嘴钳将剩余的硬线绕一个小圆，并剪掉多余硬线。

7 用弯头尖嘴钳将这个9针向石头底部做弯折，使其贴着石头表面的硬线线圈。

8 用底托上剩余的软线对开口9针、一线压镶的线圈起始点和底托做多线叠绕。

9 将剩余软线在一线压镶线圈的不同位置与底托做多线叠绕，剪掉多余软线，完成紫玉髓的一线压镶加固工作。

10 剪取一段100cm长的0.25mm注金软线，并将软线的一端在底托圆圈上绕三圈0字绕起头。

11 用软线对两个相邻线圈做一圈双线0字绕后，将8mm正圆素面彩虹月光石平放在闭口圈上，将软线紧贴月光石表面，穿入第五个圆圈（出线的这个线圈为第一个圆圈），开始对彩虹月光石做划线盘。

12 用软线对第五个和第六个圆圈做一圈双线0字绕后，将软线从第六个圆圈中穿出，并再次将软线紧贴月光石表面，穿入第三个圆圈。

13 用软线对第二个和第三个圆圈做一圈双线0字绕后，将软线从第二个圆圈中穿出，并再次将软线紧贴月光石表面，穿入第六个圆圈。

14 循环往复地重复上述操作，直到以各个角度划出的线盘能将月光石固定住为止，即为完成月光石的划线盘镶嵌工作。

15 将一颗3mm注金珠穿入剩余软线后，用软线对相邻的两个圆圈做一圈双线0字绕。

16 重复上述操作，将注金珠填满整个底托上的圆圈。

17 用软线继续穿入一颗2mm注金珠，穿好后将软线穿入相邻的3mm注金珠中。

18 使每一颗2mm注金珠都卡在3mm注金珠之间。

19 重复上述操作，直到2mm注金珠将3mm注金珠间的缝隙都填满，并拉紧软线。使注金珠圈尽可能地围绕着石头的正圆。

20 将软线拉至紫玉髓的那一面，并在软线上穿入一颗3mm注金珠，开始制作注金珠圈。

21 重复步骤15～19，完成紫玉髓这一面的注金珠圈，并将软线穿入第一颗2mm注金珠内。

22 用软线继续穿过3mm注金珠，并再次拉紧软线，使所有注金珠排列得更加紧凑规整。

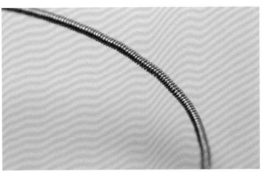

23 用剩余软线在穿过注金珠的软线上做两圈0字绕，剪掉多余软线。

24 剪取60cm长的0.51mm注金软线和120cm长的0.25mm注金软线，用0.25mm软线在0.51mm软线上绕满紧密排列的0字绕，0.51mm软线须保留12cm左右的裸线。

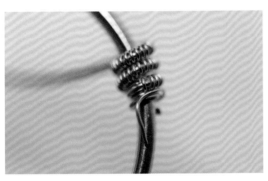

25 从0.51mm软线开启0字绕的那端开始在20mm正圆闭口圈上做复合0字绕。

26 做复合0字绕的软线依然要排列紧密规整。

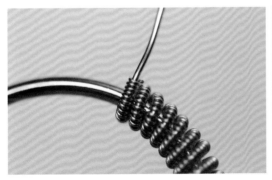

27 将绕满0字绕的0.51mm软线全部在闭口圈上做好复合0字绕，当出现0.51mm软线长度不足以绕满整个闭口圈的情况时，则需要接线。

28 将新的一段绕满0字绕的20cm长的0.51mm注金软线接着在闭口圈上做复合0字绕，留意新旧线头需呈环抱式。

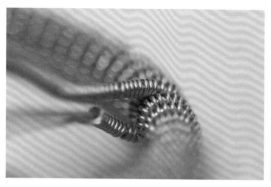

29 将整个闭口圈都绕满紧密排列的复合0字绕，以卡紧0.51mm软线线头。

30 用剪钳剪掉其中一根线头的多余部分，再用弯头尖嘴钳使复合线圈的线头紧贴闭口圈的内侧。

31 再用剪钳一点点修剪掉另一根线头的多余部分，并在预判到这个剪口能刚好与另一根软线的剪口相吻合时，停止修剪。

32 用弯头尖嘴钳使复合线圈的线头紧贴闭口圈的内侧，且两个剪口需尽量相吻合。

33 剪取18cm长的0.81mm注金硬线，并将硬线的中段紧贴港码戒指棒的13号圈绕一个圈。

34 使所得硬线圆圈的大小适配做好复合0字绕的闭口圈内径。

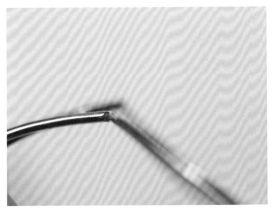

35 将适配圆圈的相交处，用弯头尖嘴钳对硬线做如图所示的弯折，弯折后的硬线与圆圈平面呈至少230°的钝角。

36 剪取160cm长的0.25mm注金软线，从软线中点对折，并用拧麻花器咬住双股软线，开始做双线麻花绕。

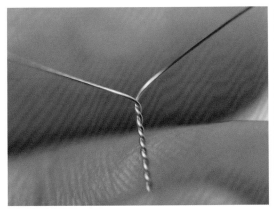

37 使另一端的两根软线呈一定钝角，转动拧麻花器，获得麻花线，注意整段麻花绕出来需分布得规整均匀。

38 将绕好的麻花线在做好复合0字绕的闭口圈上，继续叠加做0字绕，且麻花线线圈刚好卡在0.51mm软线的缝隙间。

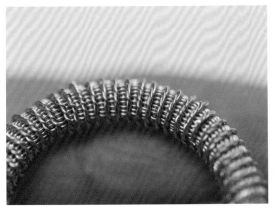

39 每一个麻花线的线圈都需要拉紧并卡紧，一直绕满整个闭口圈为止，完成复合闭口圈的制作。

40 剪取60cm长的0.25mm注金软线，从软线的中段开始，以8字绕的方式，将闭口圈底托的圆圈与步骤34的0.81mm硬线圆框连接起来，绕四个8字绕后，用软线继续在0.81mm硬线圆框上开始做紧密排列的0字绕，后面每个闭口圈底托的圆圈都必须与0.81mm硬线圆框以此方式连接固定。

41 当0.81mm硬线圆框上的0字绕绕至接近相邻的底托圆圈时，用软线将复合闭口圈与0.81mm硬线圆框以8字绕的方式连接固定起来。软线完成两个8字绕后，再次回到硬线圆框上做0字绕。

42 重复上述操作，每一个闭口圈底托的圆圈处就是一个固定点，完成每个固定点处的0.81mm硬线圆框与底托圆圈、复合闭口圈的连接固定。

43 用剩余的软线将0.81mm硬线圆框的相交处做数圈双线0字绕。

44 将两根0.81mm硬线做一字状分开后，借助六段钳第二段各绕一个小卷，两根线头以八字状展开。

45 用弯头尖嘴钳将八字状硬线调整为尽量对称的花瓣状，如图所示。

46 再次剪取60cm长的0.25mm注金软线，用其中段在双线交汇处做一圈双线0字绕后，对穿一颗2mm注金珠，并拉紧软线。

47 将两根软线各穿入一颗3mm珍珠，并将珍珠固定在硬线小卷中，软线在小卷的对侧绕两圈0字绕后，再次回穿珍珠。

48 用软线开始在花瓣状硬线上做0字绕。

49 借助六段钳第三段，将花瓣状硬线的最宽处做出如图所示的U形弯折，使花瓣状硬线的另一个相交点尽力向复合闭口圈靠拢，形成吊扣框。

50 用两根软线各做七圈0字绕后，再次对穿一颗2mm注金珠，并拉紧软线，回到硬线上继续做0字绕。

51 根据吊扣框的间距来添加合适尺寸的注金珠，且对穿注金珠后的软线呈8字状环抱着硬线，如图所示。

52 从吊扣开始的这面来看，在吊扣中穿入的注金珠尺寸依次为2mm、2.5mm和4mm。

53 绕至吊扣最顶部时，用到的注金珠为两颗2mm注金珠和一颗4mm注金珠。

54 借助六段钳第二段将吊扣的两根硬线各卷一个小卷，其分布状态需与另一面尽量对称。

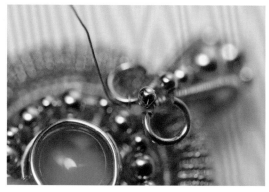

55 完成紫玉髓这一面的吊扣装饰工作，且需与已绕好的另一面相对称。

56 用剩余的软线各穿入一颗3mm珍珠，并将3mm珍珠卡在硬线小卷中，将软线在小卷的对侧绕两圈0字绕。

57 将软线从紫玉髓这面拉至彩虹月光石这面，并在月光石这面的硬线小卷和紫玉髓这面的硬线小卷间做一个8字绕。

58 将软线在紫玉髓这面的硬线小卷上完成8字绕后，回穿珍珠，来到硬线小卷起点处绕两圈0字绕，剪掉多余软线。

59 完成彩虹月光石和紫玉髓双面吊坠的制作。

喻可绕线心得：一般双面吊坠的设计会更适用于平底素面石头，但如果单从划线盘这项技法来看，划线盘还是更适用于刻面石头。通过学习这枚融合了一线压镶技法和划线盘技法的双面吊坠的制作，大家在DIY时，也可以融合其他的绕线中阶技法，比如可以尝试吊坠的一面做网包技法，一面做压镶技法，当然，也可以选择双面都用同一技法去实现镶嵌功能。

（4）《女愿》石榴石蝴蝶结发夹

◎难度：★★★★☆

◎技法：闭口圈运用、压镶、08绕、麻花辫。

◎石头：9mm×12.5mm椭圆素面石榴石。

◎工具：直尺、卡尺、剪钳、六段钳、弯头尖嘴钳。

◎线材：0.25mm注金软线、0.51mm注金软线、0.51mm注金批花线、0.64mm注金批花线。

◎配件：2.5mm光面注金珠、3mm光面注金珠、1.0mm珠链、6mm正圆闭口圈、14mm正圆闭口圈、铜镀金发夹配件。

1 用弯头尖嘴钳将6mm正圆闭口圈捏成椭圆状，且其形状须与椭圆石榴石的底部相随形。

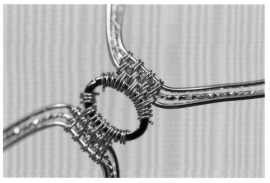

2 剪取两段20cm长的0.51mm注金批花线、四段20cm长的0.51mm注金软线和两段30cm长的0.25mm注金软线，将上述0.51mm注金批花线和0.51mm注金软线分作如图所示的两组，用0.25mm软线将两组0.51mm线的中段与6mm椭圆闭口圈做如图所示的叠绕。

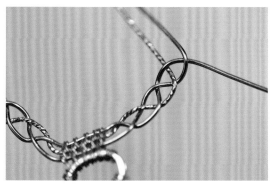

3 将0.51mm注金批花线和0.51mm注金软线一起做如图所示的麻花辫。

4 当麻花辫的长度达到3.5cm左右时，将其中一根0.51mm注金软线在另一根0.51mm注金软线上做两圈O字绕，以结束麻花辫。

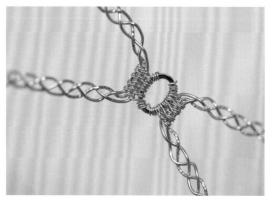

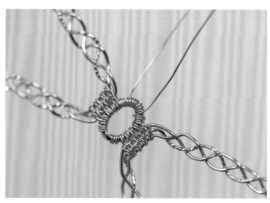

5 完成四根麻花辫的制作，获得麻花辫部件。

6 新取两根20cm长的0.25mm注金软线，分别绕在椭圆闭口圈长轴线两端，如图所示。

7 将麻花辫部件与发夹配件进行连接固定。

8 将长度在2.5cm左右的麻花辫位置做如图所示的圆弧状弯折操作，微调角度，使其尽量对称。

9 将麻花辫上剩余的一根0.51mm注金软线沿着麻花辫的边缘做如图所示的弯折操作。

10 将回折后的0.51mm注金软线在麻花辫开头处做9针收尾，并剪掉多余软线。

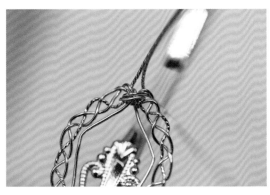

11 用麻花辫上剩余的0.51mm注金软线，将两根麻花辫终点进行如图所示的连接。

12 剪取8cm长的0.25mm注金软线，从软线的一端开始，将两个9针连接的同时，也再次与发夹配件进行加固连接。

13 对穿一颗2.5mm注金珠，并将对穿后的软线回绕0字绕收尾，剪掉多余软线。

14 剪取100cm长的0.25mm注金软线，从软线的一端开始，在其中一个9针上做0字绕，绕到另一个9针上。

15 继续用0.25mm注金软线在两根0.51mm注金软线之间来回做08绕，同时与麻花辫最边上的线做叠绕，如图所示。

16 在0.51mm注金软线弯折点前，用0.25mm注金软线做好紧密排列的08绕。

17 0.51mm注金软线弯折后的部分，不需再做紧密排列的08绕，只需固定好关键节点即可。

18 将麻花辫部件在0.51mm软线的钝角弯折处向下做U形弯折，并用剩余的0.25mm注金软线在整排08绕上横拉出如图所示的两根紧密排列的软线。

19 用麻花辫上剩余的0.51mm软线将部件与发夹配件进一步连接。

20 将剩余的批花线也绕至发夹配件上进行收尾，剪掉多余批花线、软线。

21 用弯头尖嘴钳将14mm的正圆闭口圈捏成椭圆形，且椭圆形需与椭圆素面石榴石的底部相随形。

22 剪取6cm长的0.64mm注金批花线、4.5cm长的1.0cm注金珠链和四段30cm长的0.25mm注金软线，并用0.25mm注金软线的中段开始对批花线中段、珠链中段、椭圆闭口圈长轴线处的圆弧做多线叠绕，注意每个珠子都必须与闭口圈圆弧叠绕到，且批花线外圈的叠绕间隔须保持一定规律。

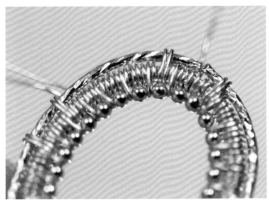

23 完成整个闭口圈的叠绕，获得压镶主框，须注意叠绕过程中每根0.25mm注金软线都须头尾各留6cm左右的线头备用。

24 将石榴石卡入压镶主框和发夹部件之间，并将主框上剩余的软线拉紧至发夹部件上，微调石头和主框的位置。

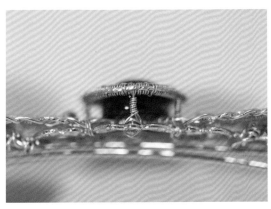

25 用0.25mm注金软线在发夹部件上绕两圈0字绕后，再回到自身上，绕满0字绕收尾，剪掉多余软线。

26 剪取6cm长的0.25mm注金软线，将其中段在如图所示的9针处做一圈0字绕后，依次穿入一颗2.5mm注金珠、3mm注金珠和2.5mm注金珠。

27 将剩余的0.25mm注金软线拉到另一个9针上做O字绕，跟步骤26一样，穿好注金珠，剪掉多余软线收尾，完成石榴石蝴蝶结发夹的制作。

喻可绕线心得：本教程通篇用到的技法都是简单的基础技法，相信大家通过这次学习，不难发现，在不同的基础技法中融入自己的巧思进行设计，也能得到别致的作品。

3 从 2 到 n 的重工绕线首饰制作教程

（1）《小妇人》卡梅奥月光石珍珠排链

◎难度：★★★★★

◎技法：爪镶、双线夹镶、闭口圈运用、蜗牛卷、排链制作。

◎石头：18mm×25mm椭圆玛瑙卡梅奥1个、10mm×14mm椭圆玛瑙卡梅奥2个、3mm×4.5mm水滴素面月光石4个、3.5mm×6mm水滴素面月光石2个、3.5mm正圆珍珠6个、7.5~8mm胖米珍珠。

◎工具：直尺、卡尺、剪钳、六段钳、圆嘴钳、弯头尖嘴钳、尼龙钳。

◎线材：0.25mm注金软线、0.51mm注金硬线、0.51mm注金批花线。

◎配件：2.5mm光面注金珠、3mm光面注金珠、1.0mm珠链、10mm正圆闭口圈、20mm正圆闭口圈、注金弹簧扣、注金双排扣头、珍珠线。

▶ 制作步骤

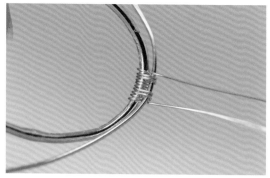

1 借助弯头尖嘴钳分别将20mm正圆闭口圈和10mm正圆闭口圈夹捏成适配卡梅奥底部的椭圆状，如图所示。

2 剪取两段15cm长的0.51mm注金硬线和两段50cm长的0.25mm注金软线，并借助六段钳最粗段将硬线中段拗出一定圆弧后，用软线将两段硬线分别与大椭圆长轴线上的圆弧做一定规律的双线叠绕。

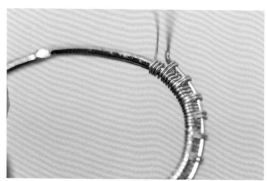
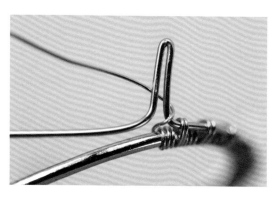

3 以椭圆长轴线为起点进行双线叠绕，叠绕的长度达到1cm左右时，将0.51mm硬线向垂直于椭圆平面的方向做90°弯折。

4 在90°弯折后的硬线上取6mm的长度后，再次回折，如图所示。

5 回折6mm后的硬线，再次做90°弯折以回到与椭圆闭口圈相贴的位置，初步形成爪镶的爪子。

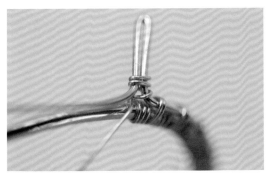

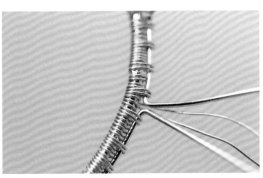

6 将软线绕至爪子上做两圈0字绕后，再次回到椭圆闭口圈上继续做双线叠绕。

7 重复上述制爪的步骤，完成四个爪子的爪镶结构的制作后，将两端的硬线在椭圆短轴线处相交，并做如图所示的弯折。

8 用弯头尖嘴钳的钳尖将每个爪子的爪头先做如图所示的预弯折。

9 将大卡梅奥卡入爪镶结构中，借助尼龙钳和弯头尖嘴钳将四个爪子压至紧贴于卡梅奥正面，以完成大卡梅奥的爪镶工作。

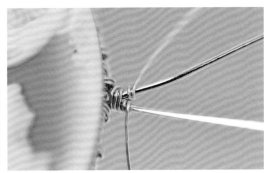

10 剪取四段10cm长的0.51mm注金硬线和四段30cm长的0.25mm注金软线，用软线对硬线和小椭圆闭口圈重复上述步骤，完成两个小卡梅奥的爪镶工作。

11 另取六段30cm长的0.25mm注金软线，用其中一段软线将步骤7中相交的硬线做如图所示的加固，须注意同时操作3个卡梅奥。

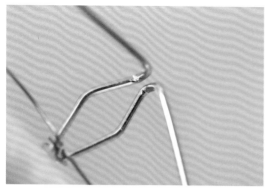 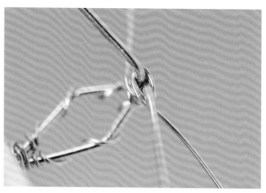

12 用弯头尖嘴钳将加固后的0.51mm硬线拗出适配水滴月光石底部的菱形后，将硬线向垂直于卡梅奥平面的方向做90°弯折，须注意此处3.5mm×6mm水滴月光石与大卡梅奥相配，3mm×4.5mm水滴月光石与小卡梅奥相配。

13 用软线将向上弯折的两根硬线做双线0字绕加固后，再次将两根硬线往相反的方向分开，如图所示。

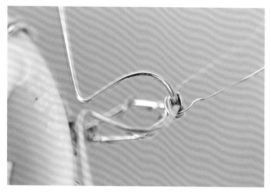

14 将分开的硬线拗出适配水滴素面月光石的夹镶面框。

15 剪取两段15cm长的0.51mm注金批花线和四段10cm长的0.51mm注金批花线（其中较长的批花线用于大卡梅奥，较短的批花线用于小卡梅奥），用六段钳的第三段对批花线的中段做出圆弧状弯折后，将批花线围在夹镶面框上做如图所示的双线叠绕，以起到进一步装饰的作用。

16 将月光石卡入夹镶结构中，用软线连接夹镶面框和底框后，在月光石尖端用软线对穿一颗2.5mm注金珠，并拉紧软线。

17 将拉紧后的软线拉回夹镶底框上做三圈 0字绕，多余软线留着备用。

18 完成3个卡梅奥上6个配石的夹镶工作。

19 将小卡梅奥上剩余的0.51mm硬线借助六段钳第一段拗出两个对称于月光石两侧的9针后，剪掉多余硬线。用夹镶底框上剩余的软线将9针与底框做叠绕加固后，剪掉多余软线。注意两个小卡梅奥的两侧须同步操作以确保高度对称。

20 借助六段钳第二段和圆嘴钳最小段将剩余批花线绕出如图所示的蜗牛卷，且小卡梅奥两侧的四个蜗牛卷须呈两两对称的状态。

21 将剩余批花线用圆嘴钳最小段做出如图所示的水滴卷操作，且小卡梅奥两侧的两个水滴卷间的最短间隔为3.5mm。

22 将做完水滴卷的批花线在步骤19的9针上做一圈0字绕收尾后，剪掉多余批花线。

23 另取四段10cm长的0.25mm注金软线，用其中一段在批花线水滴卷之间对穿一颗3.5mm正圆珍珠后，再拉至爪镶底框上做叠绕。用软线完成批花线水滴卷与爪镶底框的叠绕后，剪掉多余软线。

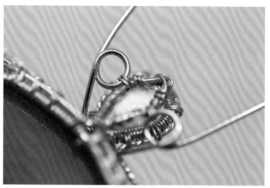

24 完成两个小卡梅奥的制作。

25 开始大卡梅奥的装饰制作，用六段钳第一段将0.51mm硬线拗出两个在月光石两侧对称的小圆卷，之后用夹镶底框上剩余的软线将小圆卷与底框做叠绕加固，剪掉多余软线。

26 用六段钳第二段将剩余0.51mm硬线拗出与步骤25的小圆卷和椭圆爪镶底框同时相切的大圆卷，并剪掉多余硬线，如图所示。

27 将批花线穿过0.51mm硬线大圆卷后，用六段钳的第三段和最小段对批花线做如图所示的蜗牛卷造型。

28 用六段钳最小段对剩余批花线做如图所示的水滴卷，且两个相邻的水滴卷间的最短间隔为3.5mm。

29 将批花线在0.51mm硬线小圆卷上做一圈0字绕收尾，剪掉多余批花线。

30 剪取两段12cm长的0.25mm注金软线，在批花线水滴卷之间对穿一颗3.5mm正圆珍珠，之后将软线拉至爪镶底框上做叠绕。

31 用软线对批花线水滴卷和爪镶底框做叠绕，加固整体结构。

32 用软线继续在爪镶底框上做0字绕，并将0.51mm硬线的大圆卷与爪镶底框做双线叠绕进一步加固整体结构，剪掉多余软线。

33 再次剪取四段6cm长的0.25mm注金软线，并取其中一根的中段，将批花线蜗牛卷与水滴卷进行双线0字绕的加固。

34 用双股软线依次穿入2.5mm注金珠、3mm注金珠和2.5mm注金珠后，在批花线水滴卷上做一圈0字绕，之后回到自身做两圈0字绕收尾，剪掉多余软线。

35 将大卡梅奥的四处注金珠固定好，完成大卡梅奥的制作。

36 借助弹簧扣和双排扣头，用珍珠线将珍珠串成如图所示的10段，每段珍珠的长度可根据实际需要和喜好来灵活调整，将各段珍珠用弹簧扣与大小卡梅奥串联起来，完成整个作品的制作。

　　喻可绕线心得：在绕线工艺中，爪镶是难度比较大的一个中阶技法，它适用于各种形状的石头，本篇教程中用到的平底平面的玛瑙卡梅奥对于新手来说，成功率会更高一些。本篇教程的难度在于三点，其一是爪镶，其二是双线夹镶，其三是各对称的造型结构，可以说难度是逐步升级加码的，任哪一步断线，就得整个重来。当我们面对这类综合难度系数大的作品时，不妨抱着必败必成的心态开始，败的是一次不会做好，成的是最终我们一定能完成它们。

（2）《碧血甜心》托帕石娃用头冠

◎难度：★★★★★

◎技法：一线夹镶、双线夹镶、闭口圈运用、砸线。

◎石头：13mm×21mm刻面爱心托帕石1个、5mm×8mm刻面马眼托帕石2个、5mm×7mm
刻面水滴托帕石1个、4mm×6mm刻面水滴托帕石2个、6mm刻面正圆托帕石5个、
3.5mm正圆珍珠2个、6.5mm正圆珍珠2个。

◎工具：直尺、卡尺、剪钳、六段钳、圆嘴钳、弯头尖嘴钳、小铁饼、小铁锤、珠宝胶水。

◎线材：0.25mm注金软线、0.51mm注金硬线、0.64mm注金批花线、0.81mm注金硬线。

◎配件：2.5mm光面注金珠、3mm光面注金珠、6mm正圆闭口圈、8mm正圆闭口圈。

▶ **制作步骤**

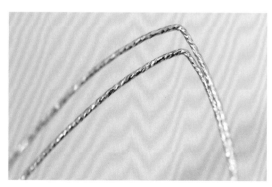

1 剪取两段25cm长的0.64mm注金批花线，用弯头尖嘴钳在其中段做90°弯折。

2 剪取一段20cm长的0.25mm注金软线，用软线将两段批花线以如图所示的方式与6mm正圆闭口圈进行叠绕固定。

3 再次剪取15cm长的0.25mm注金软线，用双线0字绕将并列的两根批花线进行连接固定，固定长度在1cm左右。

4 借助弯头尖嘴钳，将批花线拗出适配心形托帕石底部的夹镶底框后，再将批花线向石头正面的方向做垂直弯折。

5 剪取20cm长的0.25mm注金软线，用软线将垂直弯折后并列的批花线做15圈双线0字绕后，再用弯头尖嘴钳将弯折后的批花线拗出适配心形石头表面的夹镶面框。

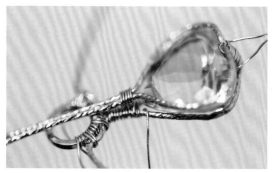 

6 剪取10cm长的0.25mm注金软线，先用5圈0字绕连接夹镶面框的相交处，之后连接夹镶面框和底框。

7 将步骤5在夹镶面框与底框间剩余的软线都绕到面框上做8圈0字绕后，再回到底框上绕3圈0字绕后留着备用。

8 用圆嘴钳最小段将剩余批花线拗出两个对称于心形托帕石两侧的小圆卷。

9 用步骤6剩余的软线将批花线小圆卷与夹镶底框以8字绕的方式进行连接固定，软线继续留着备用。

10 再次剪取两段10cm长的0.25mm注金软线，用于连接心形托帕石两个圆弧处的夹镶面框和底框。

11 用弯头尖嘴钳将另一端的批花线拗出适配马眼托帕石底部的小菱形，形成马眼托帕石的夹镶底框。

12 将马眼托帕石卡放在小菱形夹镶底框上。再将批花线弯折出马眼托帕石的夹镶面框。

13 将批花线做如图所示的U形弯折。

14 剪取两段10cm长的0.25mm注金软线，用于连接马眼托帕石的夹镶面框和底框的两个尖处。

15 完成两个马眼托帕石的一线夹镶后，再用六段钳最小段将步骤8剩余的批花线做如图所示的小圆圈造型。

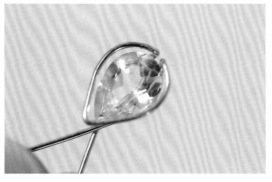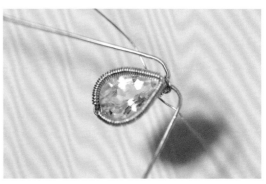

16 剪取15cm长的0.25mm注金硬线，并从硬线的中段开始，拗出5mm×7mm大水滴托帕石的夹镶结构。

17 剪取30cm长的0.25mm注金软线，完成大水滴托帕石的夹镶后，将剩余硬线做如图所示的弯折。

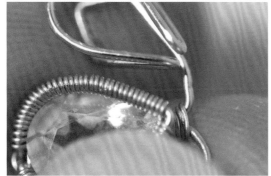

18 借助弯头尖嘴钳和六段钳，将剩余硬线拗出紧挨着大水滴的4mm×6mm的小水滴夹镶结构。

19 再次剪取30cm长的0.25mm注金软线，先将小水滴夹镶结构的相交处进行连接固定。

20 再将底框的软线绕至面框，绕满0字绕后，将软线再从面框拉紧至底框做0字绕。

21 用大水滴夹镶底框上剩余的软线，在大小水滴的夹镶底框间做如图所示的08绕，并以软线来回穿入2.5mm金珠的方式进行收尾，剪掉多余软线。

22 用六段钳第二段将剩余的0.51mm硬线拗出如图所示的圆圈，并剪掉多余硬线获得水滴部件。

23 再次剪取20cm长的0.25mm注金软线，将软线中段固定在大水滴尖部，如图所示。

24 用软线将水滴部件与心形托帕石部件叠绕连接起来，连接点分别在两个大小水滴的间隔处和两个硬线圆圈处，用软线对0.51mm硬线圆圈和水滴底框再次进行叠绕加固后，将软线拉至水滴部件的正面。

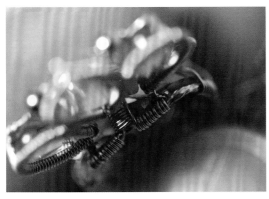

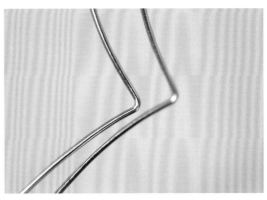

25 用拉至水滴部件正面的软线在心形托帕石的夹镶面框上做三圈0字绕后，再回到软线自身做所图所示的0字绕收尾。

26 剪取一段21cm长的0.81mm注金硬线和一段28cm长的0.81mm注金硬线，并用弯头尖嘴钳对两段硬线的中段做如图所示的弯折。

27 再次剪取60cm长的0.25mm注金软线，用软线中段在心形托帕石底框处对穿一颗2.5mm注金珠后，再用软线将批花线小卷与21cm长的0.81mm注金硬线做如图所示的叠绕加固。

28 再次剪取60cm长的0.25mm注金软线和18cm长的0.64mm注金批花线，用软线将6mm正圆闭口圈与28cm长的0.81mm注金硬线和18cm长的0.64mm注金批花线做如图所示的叠绕连接。

29 将马眼托帕石与0.81mm注金硬线以8字绕的方式连接固定后，再次叠绕一个6mm的正圆闭口圈后，用六段钳第一段将马眼托帕石上剩余的批花线拗出一个小圆圈，且与马眼托帕石另一侧的小圆圈呈对称状。

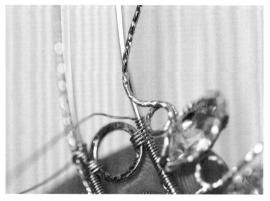

30 再对剩余的批花线做出如图所示的弧状弯折。

31 用0.81mm注金硬线上的软线依次在批花线小圆圈和批花线圆弧处做叠绕连接。

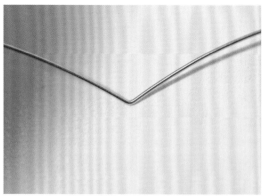

32 再次剪取22cm长的0.81mm注金硬线，用弯头尖嘴钳将硬线中段做如图所示的钝角弯折。

33 借助六段钳最大段和弯头尖嘴钳将弯折后的0.81mm注金硬线拗出对称的爱心形状。

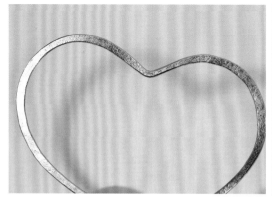

34 用小铁锤和小铁饼将爱心硬线砸扁，获得爱心外框。

35 用弯头尖嘴钳将爱心尖角处做如图所示的弯折，以适配心形托帕石底部。

36 用爱心托帕石底框的软线将爱心外框与底框进行叠绕固定。

37 在拗成心形的0.81mm注金硬线与底部28cm长的0.81mm硬线相交处，用六段钳第二段将爱心外框的硬线做如图所示的水滴卷操作。

38 剪取20cm长的0.64mm注金硬线，从中段弯折后，用新剪取的80cm长的0.25mm注金软线将其与第一个闭口圈进行叠绕固定，并将剩余的0.64mm注金硬线拗出紧贴于爱心外框的圆弧状。

39 用软线对0.64mm注金硬线和爱心外框做叠绕时，也要将马眼托帕石的底框连接固定起来。

40 用六段钳最大段将爱心外框剩余的0.81mm注金硬线拗出大圆弧，用软线将圆弧与爱心外框相切处进行叠绕固定。

41 再用六段钳第三段将剩余0.81mm注金硬线拗一个如图所示的小圆卷，并用步骤31的软线对剩余的0.81mm注金硬线和步骤31的注金批花线做双线叠绕，用圆嘴钳最小段对0.81mm注金硬线做9针收尾。

42 用弯头尖嘴钳将步骤15剩余的批花线拗出如图所示的心形圆弧，心形批花线的圆弧须与马眼托帕石的底框相切。

43 叠绕爱心外框时，须将心形批花线也连接固定起来。

44 将剩余的批花线穿过水滴部件的0.51mm硬线小圆圈后，借助六段钳第四段将批花线拗出圆圈。

45 完成爱心外框与0.64mm注金硬线的叠绕后，将硬线做如图所示的预弯折。

46 用弯头尖嘴钳将步骤43的批花线在圆圈相交处做如图所示的U形回折。

47 用弯头尖嘴钳对回折后的批花线做如图
所示的圆弧状弯折，且与步骤42的心形批花
线相平行。

48 将爱心托帕石底框的剩余软线拉至部件
正面。

49 用软线穿入一颗3.5mm正圆珍珠后，将
软线拉至马眼托帕石的底框上做两圈0字绕。

50 用软线在马眼托帕石底框上对批花线圆
圈和心形批花线做叠绕固定。

51 用六段钳最小段将批花线进行如图所示
的收尾。

52 剪掉多余批花线，用爱心托帕石底框的
软线将批花线9针与底框叠绕固定，剩余软线
继续留着备用。

53 借助六段钳和弯头尖嘴钳将剩余的 0.64mm注金硬线拗出如图所示的水滴卷，且硬线走向整个部件的正面。

54 将硬线再次从部件正面穿到背面后，用底框上的软线将其进行叠绕固定。

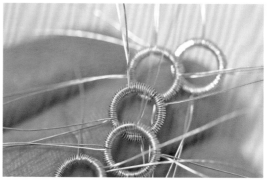

55 用六段钳第二段对0.64mm注金硬线做小圆圈收尾，小圆圈须刚好与步骤41的 0.81mm注金硬线小圆圈相切，剪掉多余硬线。

56 剪取20段15cm长的0.25mm注金软线，将5个8mm正圆闭口圈绕满0字绕，每根软线的两端都保留5cm左右的线头。

57 在头冠底部的3个闭口圈上，完成3颗 6mm正圆托帕石的压镶工作。

58 在步骤41的小圆圈上完成2颗6mm正圆托帕石的压镶工作。

59 压镶后面两颗正圆托帕石时，用软线对0.64mm注金硬线小圆圈和0.81mm注金硬线小圆圈做叠绕连接固定。

60 将软线拉至整个部件正面，并穿入一颗3mm注金珠。

61 用软线在0.64mm注金硬线小圆圈上做一圈0字绕后，再拉至整个部件背面，穿入一颗2.5mm注金珠。

62 用软线在0.81mm注金硬线上做两圈0字绕后，再拉至如图所示的0.64mm注金硬线上做0字绕收尾。

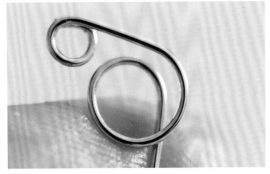

63 剪取两段25cm长的0.64mm注金硬线，借助六段钳最小段对硬线一段拗一个小圆圈后，再用六段钳第四段拗一个紧挨小圆圈的大圆圈。

64 用六段钳第三段在大圆圈中拗半个圆弧。

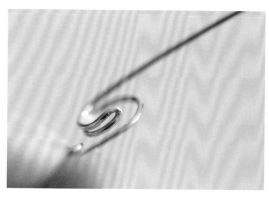

65 在硬线相交处，对其做如图所示的U形弯折。

66 弯折后的线形弧度与之前的保持一致，获得花纹部件。

67 将花纹部件的第一个小圆圈与头冠最底部的框线做叠绕连接固定。

68 借助六段钳的第三段拗出第三个圆卷造型。

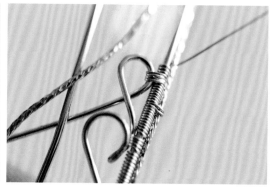

69 借助六段钳的第二段拗出第四个圆卷造型。

70 借助六段钳的第一段拗出如图所示的水滴卷，且整个花纹部件都必须与头冠底部的框线进行叠绕固定，剩余的0.64mm注金硬线线头的走向朝着心形托帕石的方向。

71 将步骤41中与0.81mm注金硬线叠绕后的批花线从前往后地穿过花纹部件的水滴卷。

72 借助指腹的力量将这段批花线拗出如图所示的圆弧状，两侧同时操作此步骤，注意保持高度对称。

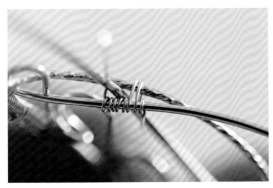

73 剪取60cm长的0.25mm注金软线，用软线的一端在0.64mm注金硬线上做0字绕起头后，再将其与圆弧状批花线进行叠绕连接。

74 以一定叠绕规律完成整段圆弧状批花线的叠绕。

75 在叠绕至圆弧状批花线的起点时，弯折0.64mm注金硬线后，用软线穿入一颗2.5mm注金珠。

76 软线再次回到弯折后的0.64mm注金硬线上做0字绕，同时必须注意将其与0.81mm框线、花纹部件叠绕连接。

 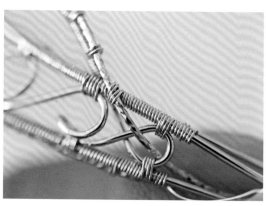

77 在三者叠绕时，从作品正面来看，0.64mm硬线是置于0.81mm框线后面的。

78 完成整个花纹部件与两条框线的叠绕固定。

79 借助圆嘴钳最小段将剩余批花线拗出如图所示的水滴卷。

80 批花线的线头回到花纹部件的水滴卷上做一圈0字绕收尾，剪掉多余批花线。

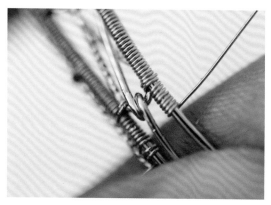 

81 剩余0.64mm注金硬线从头冠背面延伸到正面如图所示的位置，并在批花线水滴卷上做一圈0字绕。

82 用剩余的软线对两根0.81mm框线、0.64mm硬线和0.64mm批花线进行捆绑叠绕。

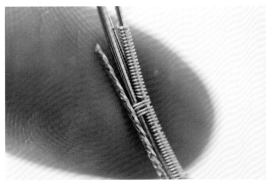

83 之后软线绕到另一根0.81mm框线上做0字绕的同时，再与除批花线以外的其他线做叠绕。

84 将批花线线头在叠绕部件上做一圈0字绕收尾。

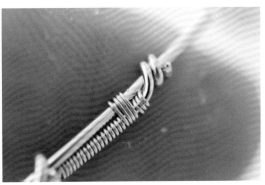

85 重复上述叠绕步骤，再将0.64mm框线在叠绕部件上做一圈0字绕收尾。

86 重复上述叠绕步骤，再将短线头的0.81mm框线在长线头的框线上绕两圈0字绕收尾，并修剪剩余0.81mm硬线长线头的长度至6mm左右。

87 用珠宝胶水在两端粘上两颗6.5mm半孔正圆珍珠。

88 完成"碧血甜心"头冠的制作。

喻可绕线心得：很多同学有时候害怕去做重工作品，可能并不是因为不会做，而是无从下手，因为重工作品的步骤都比较繁多，而且步骤会分散在各个部件中，这种工作量巨大的感觉会让人望而却步。在我的许多教程中，都在传达"化整为零"的制作思路。以本篇教程为例，可以将整个头冠的结构拆分为：主石的镶嵌、配石的镶嵌、头冠整体轮廓的搭建、主石周围造型的设计与填充、头冠底框造型的填充、收尾。当我们学会拆分作品结构的时候，再难的作品都能胸有成竹地制作，在制作的过程中，再多的线头也不能打击我们的积极性，因为我们知道这些线头的最终归属都会是服服帖帖的。